短视频
编辑与制作

许 颖 陈继莹 赵晓丹 主编

清华大学出版社
北京

内 容 简 介

本书立足行业应用，以案例为主导，以技能提升为核心，系统且深入地介绍短视频编辑制作的流程、方法与技巧。全书共 9 章，主要内容包括短视频的基础知识、短视频的前期准备、短视频拍摄、移动端短视频后期制作、PC 端短视频后期制作、短视频制作辅助软件、综合实战：抖音短视频制作、综合实战：商品短视频制作、短视频的发布与推广。

本书内容新颖，案例丰富，既适合有意从事短视频创作工作或对短视频后期制作感兴趣的新手阅读，也适合拥有一定短视频创作经验，希望进一步提升短视频创作技能的从业人员阅读，还可作为职业院校相关专业的教学用书。

图书在版编目（CIP）数据

短视频编辑与制作 / 许颖，陈继莹，赵晓丹主编 .

北京：清华大学出版社，2024. 8. -- ISBN 978-7-302
-66852-7

Ⅰ. TN948.4

中国国家版本馆 CIP 数据核字第 2024N50G83 号

责任编辑：吴梦佳
封面设计：常雪影
责任校对：李　梅
责任印制：杨　艳

出版发行：清华大学出版社

　　　　网　　　址：https://www.tup.com.cn，https://www.wqxuetang.com
　　　　地　　　址：北京清华大学学研大厦 A 座　　　　邮　　编：100084
　　　　社 总 机：010-83470000　　　　邮　　购：010-62786544
　　　　投稿与读者服务：010-62776969，c-service@tup.tsinghua.edu.cn
　　　　质量反馈：010-62772015，zhiliang@tup.tsinghua.edu.cn
　　　　课件下载：https://www.tup.com.cn，010-83470410

印 装 者：三河市君旺印务有限公司
经　　销：全国新华书店
开　　本：185mm×260mm　　　　**印　　张**：11.25　　　　**字　　数**：259 千字
版　　次：2024 年 9 月第 1 版　　　　**印　　次**：2024 年 9 月第 1 次印刷
定　　价：56.50 元

产品编号：102521-01

前　言

近年来，短视频已经成为宣传观点、推广品牌、销售产品的必备工具。除了抖音、快手、美拍、秒拍等人气较高的短视频平台外，腾讯、阿里巴巴、今日头条、微博等各大平台也将短视频设定为平台发展的核心战略之一，淘宝、京东等电商更是凭借短视频迅速引发"爆点"，其销售额直线上升。短视频的制作及运营已经成为找工作和创业的一个重要的方向和机会。

本书特色

1. 体系完善，实操性强

本书从短视频的基础知识和策划开始，到拍摄和制作，再到短视频的后期制作，形成了完整的教材体系。

本书定位于培养应用型人才，在介绍理论知识的基础上更侧重实操训练，立足于实际应用，以专业级的视频编辑软件剪映和 Premiere 的使用为基础，突出了"以应用为主线，以技能为核心"的编写特点，体现了"导教相融、学做合一"的教学思想。

2. 图解教学，可多专业运用

本书采用图解教学的体例形式，一步一图，以图析文，让读者在实操过程中更直观、更清晰地掌握短视频编辑与制作的流程、方法与技巧。

本书可以作为新媒体营销专业、电子商务专业等相关课程的教材，也可以作为相关岗位的培训教材。

3. 图片丰富、版式精美

本书图片丰富、版式精美，让读者在赏心悦目的阅读体验中快速掌握短视频编辑与制作的各种技能。

教学建议

选用本书作为教学用书，建议安排 32~48 学时，并在课堂教学中依据本书进行实践训练，以提高学生的实际动手能力。

本书由许颖、陈继莹、赵晓丹共同编写。本书在编写过程中得到了诸多朋友的帮助，在此表示感谢。由于编者水平有限，本书不足之处在所难免，敬请广大专家、读者批评指正。

编　者

2024 年 3 月

目　录

第 1 章
短视频的基础知识

 知识目标

（1）了解短视频的定义与发展，以及短视频的特点及优势。

（2）了解短视频的盈利模式。

（3）熟悉短视频的分类。

（4）熟悉短视频的常见平台。

 思维导图

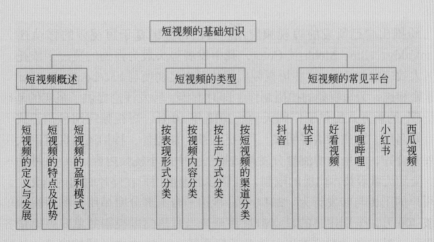

1.1　短视频概述

环顾四周，无论是在地铁上还是在餐厅里，很多人都在捧着手机看短视频。毫无疑问，短视频现在就是一个极其热门的板块，很多短视频创作者已经顺着这股"势"腾飞起来。那么究竟什么是短视频？短视频的特点是什么？短视频有哪些优势？短视频是如何盈利的呢？下面将逐一介绍。

1.1.1　短视频的定义与发展

短视频是视频短片的简称，指时间长度一般在 5 分钟以内，在各种新媒体平台上播放的，适合在移动状态和短时休闲状态下观看的高频推送的视频内容。短视频内容融合了技能分享、幽默搞笑、时尚潮流、社会热点、街头采访、公益教育、广告创意、商业定制等主题。由于短视频内容较短，因此它们既可以单独成片，也可以做成系列栏目。不同于微电影，短视频没有特定的表达形式和团队配置要求，具有生产流程简单、制作门槛低、参与性强等特点。与直播相比，短视频具有更高的传播价值。超短的制作周期和趣味化的内容对短视频制作团队的文案及策划功底有一定的挑战。优秀的短视频制作团队通常依托成熟运营的自媒体或 IP，除高频稳定的内容输出外，也有强大的粉丝渠道。短视频的出现丰富了新媒体原生广告的形式。

从我国的短视频行业发展现状来看，由于短视频 App 的应用广泛，本节对短视频发展概况的分析以短视频 App 为主，短视频 App 的发展阶段主要如下。

1. 起步阶段：模仿美国短视频模式

国际社会中最早的社交型短视频出现在美国。2011 年 4 月，继 Viddy 首先推出移动短视频应用后，Vine、Instagram 等 App 看到了短视频在互联网世界的巨大商机，纷纷推出自己研发的短视频应用。目前，美国基于短视频的移动社交应用有 SocialcamViddy、Klip、Mobli 及 Color，其中发展势头最为强劲的莫过于依托 Facebook 平台和名人效应的 Viddy。这些短视频应用从诞生之初便与 Facebook、Twitter 等大型社交平台紧密相连，为短视频的拍摄制作、即时上传、转发评论提供了坚实的基础，也为"视频社交"的新方式提供了广阔天地。2013 年 10 月，短视频应用秒拍正式上线。为扩大平台知名度，除邀请诸多明星、"意见领袖"加盟外，秒拍还与拥有巨大用户流量的微博展开合作，利用微博流量分发与传播平台中的小视频内容。以 10 秒为单位的小视频较少受到流量等技术门槛的限制，且能够迅速被用户在碎片时间内消化，因此引发了大量用户的上传与转发行为。2014 年，秒拍平台上部分明星用户的短视频单日点击量已突破 400 万，个别用户的日点击量甚至与当时热门电视剧的单日点播量齐平，发展态势强劲。秒拍和微视的推出，拉开了短视频 App 在中国发展的序幕。从整体发展态势来看，这一时期我国移动短视频 App 的运营模式主要是以模仿"美国模式"为主，普通用户成为制作主力军，而且大多数内容是通过社交平台进行分发和传播的。

2. 发展阶段：朝向工具性功能迈进

随着秒拍等短视频 App 的走红，多家公司开始涉猎短视频领域，抢夺这块市场蛋糕。开发者们认识到，在短视频 App 兴起的初期，短视频用户往往是"看客"而非"演员"。由于技术水平、思维定式等多方面因素的限制，国内用户尚未完全养成"视频社交"的习惯，视频拍摄分享这一基本功能并不足以吸引用户真正参与进来，而短视频 App 中附加的娱乐性和话题性则成为吸引用户的重要因素。

3. 提升阶段：以垂直打造核心竞争力

在前面两个阶段，大多数短视频的内容都属于"综合型"，即内容包罗万象，音乐、搞笑、资讯、美食、技能、育儿等社会热门内容一并提供给社会受众。根据艾瑞发布的《中国短视频行业发展研究报告》：截至 2016 年 7 月 1 日，短视频行业共获得 43 笔投资，行业投资量呈现逐年递增趋势。2016 年，随着网络达人的横空出世，在新资本、新人力和新内容的冲击下，短视频行业的生产环节开始逐渐转向新的方向。由于意识到短视频行业与其他行业一样，也需要打造自己的知名品牌，很多短视频公司开始推动短视频内容从娱乐化向着专业化、垂直化方向发展。如"锦观"短视频，瞄准老年人群体，画面简洁、字体较大，主要内容聚焦养生、军事和时政。"鹿刻"短视频，瞄准生活消费类问答社区，分享生活消费小技巧及淘宝消费购物感受。"纳逗"短视频，瞄准用户日常生活需求，为用户提供吃喝玩乐的链接。"吃鲸"短视频，记录用户在观看某个视频时的反应。从短视频兴起，到融资大战之后，头部效应逐渐显现，短视频行业不但没有萎靡不振，反而激发出更强的创作活力。在垂直化方向上，深耕美食、美妆、游戏、搞笑板块的内容生产者更容易成为大号，但是这些领域也存在扎堆严重的情况，大号崛起，市场份额被瓜分殆尽，新入场的玩家很难再形成很大的影响力。于是，新面世的几个短视频 App 似乎都避开锋芒，专注某一领域，深耕垂直化市场。同时，在短视频的制作者中，不再是普通用户独霸生产线，而是由专业性强、组织规模稳定的正规团队占据主要阵地。从近两年开始，我国短视频的涉猎范围开始囊括新闻、资讯、美食、育儿、服装、运动、汽车、旅游、美妆等领域。

4. 完善阶段：视频的发展进入成熟期

2020 年至今，短视频行业监管制度日益完善，商业变现模式走向成熟，市场格局趋于稳定，各企业开始探索新产品，短视频的发展进入成熟期。

短视频已经是网络新媒体时代不可缺少的信息传播载体。伴随人工智能、虚拟现实、大数据等技术的发展，短视频也将面临更具挑战和更加精彩的未来。

1.1.2 短视频的特点及优势

1. 短视频的特点

短视频不只是长视频在时长上的缩短，也不只是非网络视频在终端上的迁移，其独特之处在于创作门槛低、互动性和社交属性强、消费与传播碎片化，其具体特点如下。

（1）长度基本保持在 5 分钟以内。

（2）整个视频内容的节奏比较快。

（3）视频内容一般比较充实、紧凑。

（4）比较适用于碎片化的消费方式。

（5）主要通过网络平台传播。

2. 短视频的优势

与长视频相比，短视频在互动性和社交属性上更有优势，已经成为人们表达自我的一种社交方式；与直播视频相比，短视频在传播性上更有优势，便于全网内容分发和消费。具体来讲，短视频主要具有以下优势。

（1）满足移动时代的碎片化需求。随着科技的快速发展，人们的生活和工作节奏越来越快，时间逐渐呈现碎片化状态。很多时候，人们没有足够完整的时间去阅读一本书、看完一期综艺节目或一部电影，而将一个作品分为很多个片段来观看，不仅效率低下，效果也不理想。短视频的时长在 5 分钟以内，其短平快的大流量传播内容恰好符合信息碎片化的特点，从而实现了快速发展。此外，移动互联网的普及为短视频提供了良好的技术支持，资本的大量涌入也推动了短视频行业的飞速发展，图 1-1 所示是某电影解说短视频。

他一路跑到足球场上

图 1-1　某电影解说短视频

（2）互动性强。几乎所有的短视频都可以进行单向、双向甚至多向的交流。对于短视频发布者而言，短视频的这种优势能够帮助其获得观众的反馈信息，从而更有针对性地改进自身；对于观众而言，他们可以通过短视频与发布者产生共鸣或进行互动，对短视频的形象或品牌等进行传播，或者表达自己的意见和建议，图 1-2 所示是某解说短视频。这种互动性使短视频能够得到快速传播，从而有效提升宣传或营销效果。

（3）成本低，维护简单。与电视广告、网页广告等传统视频广告高昂的制作和推广费用相比，短视频在制作、上传、推广等方面具有极强的便利性，成本较低。由于短视频观看免费、用户群体数量大、视频内容丰富，很容易提高所宣传的商品的好感度与认知度，从而使其以较低的成本得到更有效的推广。短视频的迅速传播并不会花费太多的

图 1-2 某解说短视频

成本，只需要其内容真正击中观众的痛点和需求点。例如，某某酱自创的吐槽小视频在初期都依赖她一个人的自导自演，获得了大量网友的转发和评论，如图 1-3 所示。

（4）营销效果好。短视频是一种图、文、影、音的结合体，能够给消费者提供一种立体的、直观的感受。营销是短视频的其中一种功能，当短视频用于营销时，一般需要符合内容丰富、价值性高、观赏性强等标准。只要符合这些标准，短视频就可以赢得大多数消费者的青睐，使消费者产生购买商品的强烈欲望。短视频营销的高效性体现在消费者可以边看短视频边购买商品，在短视频中，营销者可以将商品的购买链接放置在商品画面的四周或短视频播放界面的四周，从而让消费者实现"一键购买"。如图 1-4 所示，淘宝商家利用短视频展示商品，其购买链接位于短视频界面下方。

图 1-3 某某酱自创的吐槽小视频

图 1-4 淘宝商家短视频

（5）精准营销。与其他营销方式相比，短视频具有指向性优势，因为它可以准确地找到目标受众，从而实现精准营销。短视频平台通常会设置搜索框，优化其搜索功能，用户一般会在平台上搜索关键词，这一行为会使短视频营销更加精准。图 1-5 为抖音短视频的搜索框。电商企业还可以通过在短视频平台发起活动来聚集用户。当然，实实在在的折扣是驱动用户参与活动的直接动力。

（6）传播速度快，覆盖范围广。短视频营销本质上属于网络营销，它可以在互联网上迅速传播，再加上其时间短、更适合快节奏的生活，因此能赢得广大用户的青睐。用户在观看短视频并进行互动的过程中可以点赞、评论和转发，如图 1-6 所示。一条内容精彩的短视频若能引发广大用户的兴趣并被他们积极转发，就很有可能达到病毒式传播的效果。例如，美拍视频等平台上的火爆视频都可以通过被用户转发来增加热度，从而实现预期的营销效果。短视频平台除了通过自身平台转发和传播外，还可以与微博、微信等社交平台进行合作，将内容精彩的短视频通过流量庞大的微博或微信朋友圈进行分享，进而吸引更多的流量，推动短视频传播范围的进一步扩大。

（7）营销效果可衡量。短视频营销具有网络营销的特点，运营者可以对短视频的传播和营销效果进行分析和衡量。一般来说，短视频的营销效果由数据衡量，如点赞量、收藏量、关注量、评论量、分享量等，如图 1-7 所示。运营者通过这些数据即可衡量出短视频的营销效果，然后筛选出可以促进销售增长的短视频，为制订市场营销方案提供正确的指导。

图 1-5　抖音短视频的搜索框　　图 1-6　抖音短视频转发按钮　　图 1-7　抖音短视频的数据构成

1.1.3　短视频的盈利模式

短视频的创业环境瞬息万变，如何变现始终是创作者们关注的核心议题。从微博、美拍到今日头条、企鹅号、大鱼号、抖音、快手等，各平台都在抢夺优质的短视频资源，抖音、快手和西瓜视频纷纷拿出丰厚的补贴政策和流量扶持商业变现计划，吸引短视频达人入驻。然而对很多短视频团队来说，平台补贴是远远不够的，更多的还得靠广告、电商等。下面介绍三种目前比较流行的短视频盈利模式：直接变现、间接变现和特色盈利模式。

1. 直接变现

直接变现中最直接的方式是补贴。从 2016 年 4 月开始，互联网巨头陆续入局短视频，各类平台的补贴政策便开始吸引不同的短视频创作者入驻。另一种直接变现的方式是广告。随着短视频领域的发展，广告也越来越多地从传统硬广告发展到有创意的植入型广告。新榜将短视频的广告分为以下四类，分别是贴片广告、浮窗 Logo、内容中的创意软植入和在视频中卖货做电商，如图 1-8 所示。

图 1-8　短视频广告分类

2. 间接变现

间接变现最突出的做法就是将线上的影响力用在线下，通过实体店实现变现。以短视频领域很有影响力的账号举例。"某六记"餐馆在线上出售多款美食商品，但创始人还是把目光瞄准线下。他认为，"某六记"的线下空间会是"某六记"电商最重要的获客渠道。他们的目标是将线上线下打通。把线上的几千万用户往线下导流，同时将线下的用户转移到线上。图 1-9 是"某六记"线下餐馆的照片。这些做法不仅实现了间接变现，而且在整个新媒体短视频领域竞争越来越激烈的背景下，通过多渠道分发让短视频创作者找到另一条赛道和出路。

3. 特色盈利模式

除了直接变现和间接变现的方式外，也有一些短视频创作者找到了属于自己的特色盈利模式，如"某某六点半"，如图 1-10 所示。

"某某六点半"的流量虽高，但受众群体却比较分散，商业价值比较模糊。在很长一段时间，广告植入是"某某六点半"最主要的收入来源。根据内容质量的不同，其给出的广告报价也不一样。为了避免用户的反感，他们只在 10%~20% 的内容中植入广告。渐渐地，"某某六点半"摸索出一条属于自己的特色盈利模式。

图 1-9 "某六记" 线下餐馆

图 1-10 "某某六点半" 短视频

第一种特色盈利模式是与游戏渠道商合作运营 H5 小游戏。在公众号菜单栏上全部是游戏的推广，从"游戏与直播""热门游戏"到"最新游戏"，这样的模式为他们带来丰厚的利润。

第二种特色盈利模式是拍摄网络电影。2017 年 4 月，他们在爱奇艺推出首部网络大电影，该影片制作成本约为 150 万元，最终分账票房近 500 万元。2018 年 6 月，又推出第二部网络大电影，该影片成本在 300 万元左右，最终分账票房超过 1200 万元，回报高达 4 倍。其后分别在 2019 年 7 月 11 日、2020 年 12 月 30 日和 2022 年 2 月 18 日推出第三部、第四部和第五部网络大电影。

第三种特色盈利模式是孵化网络艺人，成为 MCN（multi-channel network，多频道网络）机构。经过几年的发展，他们已经孵化出了数十位人气颇高的网络艺人。网络电影的推出也强化了这种商业模式的可能性。MCN 的方式将更多短视频创作者聚集在一起，合作共赢。

总而言之，不同的短视频创作者的特色盈利模式各不相同，核心是发挥所长，找到可以合作共赢的要点，实现盈利。

1.2　短视频的类型

1.2.1　按表现形式分类

运营的短视频账号的主要表现形式是什么？这是每一个短视频创作者需要思考的问题，适合的短视频表现形式，不仅能使账号整体风格和谐统一，而且能为受众留下记忆点。因此需要找到适合的表现形式，来实现短视频账号的优化改进。短视频按表现形式分类可以分为以下五种。

1. 图文

图文形式分为图片视频和配音加故事形式。图片视频是将单张或多张图片合成一段视频，图片中涵盖信息量较多，适合干货知识分享、系列好剧推荐、好物推荐等。配音加故事形式是指作者事前就故事脉络录音并形成讲解配音，然后在制作过程中将配音和每一故事情节图片搭配。图文形式制作简单，适合新手，而且时长普遍较短，相比其他表现形式更易获得较高的完播率。图 1-11 所示是某短视频创作者制作的图文短视频。

2. 真人口述

真人口述是最常见的短视频表现形式，通过真人出镜进行知识讲解，主要是特定领域的专业性内容或对热点事件的分析讲解。真人口述相比其他表现形式能更直观、全面地让受众了解内容，更适合专业性较强的账号。图 1-12 所示是某短视频创作者制作的真人口述短视频。

图 1-11　图文短视频

图 1-12　真人口述短视频

3. 记录类视频

记录类视频主要记录日常生活、工作、生产等场景，通过对不同群体细微生活场景的记录，来满足用户的好奇心。记录可以简单分为记录人和记录事两种，制作记录类视频要注意以小见大，通过生活中的细节来表现一类人的共同特征，从而引发共鸣。图1-13所示是某短视频创作者制作的记录装修的短视频。

4. 情景剧

通过情景剧的方式可以输出内容，这种演绎形式往往更能吸引用户。常见的情景剧类型主要分为情感类、搞笑类、剧情类等。

情景剧对演员、拍摄设备、视频脚本、拍摄场景等都有一定的要求，具有耗费时间长、制作成本高的特点。精心准备的情景剧往往能有意想不到的流量收获，比其他表现形式更能吸引粉丝关注。图1-14所示是正能量情景剧短视频。

5. 搬运视频

这类视频主要通过搬运影视剧中的精彩片段或明星演员的高光时刻，并进行二次剪辑，实现批量化的内容输出，常见的有影视片段合集、明星高光锦集、动漫超燃混剪等。制作搬运视频时要注意素材的选择，搬运热度高的视频更易吸引流量，同时也要关注著作权相关问题，避免侵权。图1-15所示是某短视频创作者制作的明星走路造型合集，吸引了该明星的众多粉丝关注。

图1-13 装修短视频　　　图1-14 正能量情景剧短视频　　　图1-15 明星走路造型合集短视频

1.2.2 按视频内容分类

根据视频内容不同，短视频可以分为搞笑类、美食类、美妆类、治愈类、知识类、生活类、才艺类、文化类等。

1. 搞笑类

搞笑类短视频迎合了当下大众的心理需求，因为每个人都想开心，人们观看短视频大多数也是为了放松心情。当人们从短视频中发现有趣的内容时，就会发自内心地欢笑。碎片化的搞笑内容满足了人们休闲娱乐、放松身心的需求，所以这类内容是短视频市场中的主要内容类型之一，如图 1-16 所示。

2. 美食类

"民以食为天"，"吃"在人们的生活中占据了非常重要的位置。美食承载了人们丰富的情感，如对家乡的眷恋、对亲情的记忆、对幸福的感受等，所以美食类短视频不仅能让人身心愉悦，还会让人产生情感共鸣。我国拥有丰富的菜系和数不清的民间传统美食小吃，美食类短视频可以通过制作美食、探店或展示美食等形式为用户带来一场盛宴，如图 1-17 所示。

图 1-16　搞笑类短视频

图 1-17　美食类短视频

3. 美妆类

美妆类短视频的主要目标受众是追求美、向往美的女性用户，她们观看短视频的目的是学习一些化妆技巧、发现好用的美妆产品。美妆类短视频主要有"种草"测评、好物推荐、妆容教学等。在这些短视频中，出镜人物尤为关键，他们要以真实的人设为产品背书，还要在用户心中营造信任感，同时要具备独特的性格特质和人格魅力，如图 1-18 所示。

4. 治愈类

亲子日常、萌系宠物等治愈类短视频十分受大众欢迎。对有孩子或有宠物的用户来说，这类短视频会让他们产生亲切感和情感共鸣；而对没有孩子和宠物的用户来说，这类短视频可以给他们提供"云养娃""云养猫"的机会，他们从可爱的孩子、宠物身上唤起心底的温柔，从而放松心情、缓解疲惫，如图1-19所示。

图 1-18　美妆类短视频

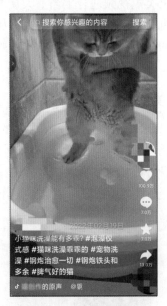

图 1-19　治愈类短视频

5. 知识类

如今，知识类短视频逐渐成为各大短视频平台争夺的资源，知乎、哔哩哔哩、西瓜视频都对知识类创作者投入资源进行扶持。对用户来说，知识类短视频不失为一种获取知识的好方法，有的用户把它作为某一领域补充学习的参考，有的用户把它作为获取知识的主要渠道之一，还有的用户把它作为在某个领域学习入门的方式，如图1-20所示。

知识类短视频门槛较高，需要创作者有一定的知识储备。创作者在写文案前要充分查阅相关资料，不能为了赚取流量而输出伪科学的内容。

6. 生活类

生活类短视频的内容主要分为两种：一种是生活技巧，主要展示如何解决生活中遇到的各种问题，这种内容的短视频要以实际的操作过程为拍摄对象，可以让用户跟着镜头实际操作，最终克服困难，如图1-21所示；另一种是视频记录（video log，Vlog），主要展示个人的生活风采或生活见闻。一方面满足了用户探究别人生活的好奇心，另一方面也开拓了用户的眼界。

7. 才艺类

网络上有很多具有特殊才艺的人，他们身怀绝技，能够吸引用户的注意力，满足用户的好奇心。才艺包括唱歌、跳舞、魔术、乐器演奏、相声表演、脱口秀、书法、口技、

图 1-20　知识类短视频

图 1-21　生活类短视频

手工等。要想让用户赞叹和佩服，创作者就要做到专业，要么让用户觉得新鲜，要么让用户觉得自己根本做不到，满足其中任意一点就能获得用户的点赞与支持，如图 1-22 所示。

8. 文化类

优秀的传统文化一直备受人们的推崇，很多短视频创作者纷纷跟上这种潮流，让传统文化以崭新的面貌展示在人们面前。在短视频的传统文化类别中，比较常见的是书画、戏曲、传统工艺、武术、民乐等，如图 1-23 所示。

图 1-22　才艺类短视频

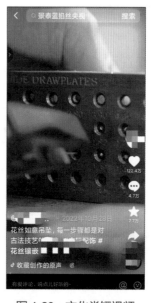

图 1-23　文化类短视频

1.2.3 按生产方式分类

短视频按生产方式可以分为用户生产内容、专业用户生产内容和专业生产内容3种类型。

1. 用户生产内容

用户生产内容英文为 User Generated Content，简称 UGC。UGC 平台由普通用户自主创作并上传内容。普通用户指非专业的个人制作者。

2. 专业用户生产内容

专业用户生产内容英文为 Professional User Generated Content，简称 PUGC。PUGC 平台由专业用户创作并上传内容。专业用户指拥有粉丝基础的网络达人或者拥有某一领域专业知识的专家。

3. 专业生产内容

专业生产内容英文为 Professional Generated Content，简称 PGC。PGC 平台由专业机构创作并上传内容，通常独立于短视频平台。

1.2.4 按短视频的渠道分类

短视频的渠道就是短视频的流通线路。按照平台特点和属性，短视频的渠道可以细分为5种，分别是资讯客户端渠道、在线视频渠道、短视频渠道、媒体社交渠道和垂直类渠道。

1. 资讯客户端渠道

资讯客户端渠道大多通过平台的推荐算法来获得视频的播放量，包括今日头条、百家号、一点资讯、网易号媒体开放平台、企鹅媒体平台（天天快报、腾讯新闻）等，图 1-24 所示为腾讯新闻。

图 1-24　腾讯新闻

2. 在线视频渠道

在线视频渠道通常通过搜索和小编推荐来获得渠道播放量，包括大鱼号、搜狐视频、爱奇艺、腾讯视频、第一视频、爆米花视频等，图 1-25 所示为搜狐视频。

图 1-25　搜狐视频

3. 短视频渠道

一些短视频渠道起始于直播平台，作为一种衍生品出现，很多人逐渐意识到短视频比直播更有发展前景，越来越多短视频平台开始出现在大众的视野，包括抖音、快手、秒拍、美拍、微视、梨视频、火山小视频、西瓜视频、暴风短视频等，图 1-26 所示为梨视频。

图 1-26　梨视频

4. 媒体社交渠道

社交平台是人们社交的工具，方便结识更多兴趣相同的人，包括微博、微信、QQ

空间等，图 1-27 所示为新浪微博。

图 1-27　新浪微博

5. 垂直类渠道

垂直类渠道主要以电商平台为主，包括淘宝、京东、蘑菇街、礼物说等，图 1-28 所示为淘宝首页。

图 1-28　淘宝首页

1.3　短视频的常见平台

1.3.1　抖音

抖音是由字节跳动孵化的一款音乐创意短视频社交软件，如图 1-29 所示。该软件于 2016 年 9 月 20 日上线，是一个面向全年龄段的短视频社区平台，用户可以通过这款软件选择歌曲，拍摄音乐作品形成自己的短视频内容。

图 1-29　抖音

　　2017 年 11 月 10 日，今日头条以 10 亿美元收购北美音乐短视频社交平台 Musical.ly，与抖音合并。2018 年 6 月，国资委新闻中心携中央企业媒体联盟与抖音签署战略合作，首批 25 家央企集体入驻抖音，包括中国核电、航天科工、航空工业等，昔日人们印象中高冷的央企，正在借助新的传播形式寻求改变。此前，七大博物馆、北京市公安局反恐部、特警总队和共青团中央等机构也开始入驻抖音等短视频平台。除了娱乐、搞笑、秀"颜值"、秀舞技，不少传播社会主义核心价值观的内容开始在短视频平台上流行起来。2018 年 7 月 26 日，抖音宣布启动"向日葵计划"，在审核、产品、内容等多个层面推出 10 项措施，助力未成年人的健康成长。2019 年 1 月 18 日下午，中央电视台与抖音短视频举行新闻发布会，正式宣布抖音成为《2019 年中央广播电视总台春节联欢晚会》的独家社交媒体传播平台，会上公布了 2019 年央视春晚"幸福又一年"的新媒体行动，抖音同央视春晚在短视频宣发及社交互动等领域展开全方位深度合作，调动广大年轻群体，面向全球华人，以参与代替评论，用参与引导关注，助力春晚传播。2020 年 1 月 8 日，火山小视频和抖音正式宣布品牌整合升级，火山小视频更名为抖音火山版，并启用全新图标。2020 年 10 月 8 日，抖音发布国庆中秋假期数据报告。苏州和东莞两个城市相关旅游视频点赞量分别达到 2761 万和 1784 万，播放量分别突破 10 亿和 6 亿。2021 年 1 月 26 日，抖音与央视春晚联合宣布，抖音成为《2021 年中央广播电视总台春节联欢晚会》独家红包互动合作伙伴。这是继 2019 年春晚后，抖音第二次与央视春晚达成合作。2022 年 4 月 11 日，Sensor Tower 公布了 2022 年 3 月全球热门移动应用下载 TOP10，抖音位居第一。2022 年 6 月 21 日，中央广播电视总台与抖音集团联合举办云发布活动，宣布抖音集团成为 2022 年卡塔尔世界杯特权转播商、中央广播电视总台直播战略合作伙伴。2022 年 9 月，Sensor Tower 商店情报数据显示，8 月抖音及其海外版 TikTok 以将近 6600 万下载量，蝉联全球移动应用（非游戏）下载榜冠军。2022 年 9 月，抖音入选胡润百富《2022 年中全球独角兽榜》。2022 年 10 月 12 日消息，抖音集团上线新 Logo，并更换其在抖音、微信公众号的账号头像。2022 年 11 月 8 日，抖音直播举办开放日活动，发布了《2022 抖音演艺直播数据报告》（以下简称"报告"）。报告显示，过去一年，包括戏曲、乐器、舞蹈、话剧等艺术门类在内的演艺类直播在抖音开播超过 3200 万场，场均观众超过 3900 人次。

1.3.2 快手

快手最初是一款处理图片和视频的工具，后来转型为一个短视频社区。快手强调人人平等，是一个面向所有普通用户的平台。快手的官网页面如图 1-30 所示。快手的定位为"记录世界记录你"，其开屏页面的文案是"拥抱每一种生活"。快手的产品定位更为普惠化，鼓励每一个用户都用快手记录和展示自己的生活。快手去中心化的分发逻辑使每个用户都有平等的曝光机会，因此快手在早期迅速获得了四、五线城市和农村用户的青睐。但是近年来，快手通过一系列的运营和迭代，逐渐进行品牌升级，越来越多的一、二线城市和高学历用户开始使用快手。

图 1-30 快手

快手的起步比抖音要早得多，快手的发展历程大致如下。

2011 年 3 月，快手诞生，当时叫"GIF 快手"，是一款用来制作、分享 GIF 图片的工具应用。

2012 年 11 月，GIF 快手转型，从纯粹的工具应用转型为一个短视频社区，成为用户记录和分享生活的平台。

2013 年 10 月，GIF 快手确定平台的短视频社交属性。经过 1 年多的努力，GIF 快手在短视频社交领域大步前进，彻底摆脱了工具化的制约，在用户量和用户活跃时长上都得到了大幅提升。

2014 年 11 月，GIF 快手正式改名为"快手"，以一个含义更广阔的名字重新出发。

2015 年 6 月，快手的用户总数突破 1 亿，单日用户上传视频量突破 260 万。

2016 年 4 月，快手的用户总数突破 3 亿，成为全民生活分享平台。

2020 年 3 月，快手的日活跃用户超过 3 亿，月活跃用户接近 5 亿。快手首页功能可以分为 4 个模块,分别是同城、关注、发现、拍摄。快手采用去中心化的分发逻辑,对短视频的推荐比较分散,争取让普通用户的短视频也有更多被看见的机会。去中心化的分发逻辑的优势在于可以显著提高普通用户的创作积极性,也能加强创作者和粉丝之间的联系。

2021 年 5 月 24 日,快手财报显示,该公司 2021 年第一季度营收 170 亿元,同比增长 36%。2021 年 11 月 23 日,快手第三季度营收 205 亿元,同比增长 33.4%,市场预估 201 亿元;净亏损 70.9 亿元,市场预估亏损 86.3 亿元;快手应用的平均日活跃用户及平均月活跃用户分别达到 3.204 亿及 5.729 亿,同比增速由 2021 年第二季度的 11.9%及 6.7%,提升至 17.9% 及 19.5%。2021 年 12 月 27 日,快手和美团达成互联互通战略合作,美团将在快手开放平台上线美团小程序。

2022 年 1 月 30 日,快手和央视虎年春晚达成合作,用户可以在快手、快手极速版、快手概念版等快手官方平台观看 2022 年央视春晚,并参与 22 亿红包活动。

2022 年 10 月,快手首次加入 MLB 2022 季后赛直播阵营。自 2022 年 10 月 28 日0 时起,淘宝与快手的亲密合作关系重新"激活"。2022 年 11 月,快手提出亿级别多模态短视频百科体系——快知。

1.3.3　好看视频

好看视频是百度旗下一个为用户提供海量优质短视频内容的专业聚合平台。图 1-31所示为好看视频的 PC 端首页,顶部是视频分类导航,包括推荐、影视、音乐、VLOG、游戏、搞笑、综艺、娱乐、动漫、生活、广场舞、美食、宠物等。好看视频通过百度智能推荐算法深度了解用户的兴趣喜好,为用户推荐适宜的短视频内容。

图 1-31　好看视频

2017 年 11 月,好看视频正式发布,之后发展势头强劲,成为短视频领域的一匹黑马。

2020 年 9 月,原西瓜视频负责人加入百度,担任好看视频总经理。

2020 年 11 月,百度移动生态事业群将好看视频与全民小视频整合为短视频业务部,由百度短视频生态平台总经理负责。

2020 年 12 月，好看视频品牌全面焕新，围绕全网首个视频信息知识图谱，致力于打造 save time 的短视频市场新格局，提出"轻松有收获"的品牌主张，为用户持续提供有趣、有用、有价值的短视频内容。

2021 年 4 月，百度移动生态万象大会发布泛知识创作者招募计划——轻知计划，邀请 100 位名家、1000 名行家共同开启泛知识创作的蓝海。多位名人担任好看视频知识分享官，独家定制多档知识与文化类精品内容。

2021 年 7 月，以"帧视频"为载体，最大化视频信息密度和互动氛围的产品功能"圈一下"正式发布，用户可以在视频中圈出有用的知识点、有趣的话题点、有态度的观点等，共同打造知识分享型的短视频社区。

2021 年 9 月，好看视频推出"知识讲说人"计划，通过全新的视频创作与生产模式，为知识类短视频创作者更好地赋能与提效。

好看视频致力于打造让用户探索世界、提升自我以及获得幸福快乐的综合视频平台，努力成为一个"让人成长的短视频平台"。在内容方面，好看视频走的是一条差异化的路线，以提供知识型、充满正能量的内容为主。好看视频瞄准了短视频细分垂直领域，更加注重对内容的"精耕细作"。

好看视频还制订了一系列针对创作者的升级扶持计划，通过流量加持、现金补贴等多种形式对创作者进行支持，吸引了一大批优质的内容合作方共建优质内容生态。无论是从内容的广度、深度、品质还是影响力方面来看，好看视频均已初具规模，可以确保用户在平台上一键获取细分垂直领域的优质短视频内容。好看视频 App 顶部是视频分类导航，中间是短视频内容，底部功能包括刷新、关注、直播、未登录等。

1.3.4 哔哩哔哩

哔哩哔哩的英文名称为 bilibili，现为中国年轻世代高度聚集的文化社区和视频平台，该网站于 2009 年 6 月 26 日创建，被粉丝们亲切地称为"B 站"，如图 1-32 所示。2018 年 3 月 28 日，哔哩哔哩在美国纳斯达克上市。2021 年 3 月 29 日，哔哩哔哩正式在中国香港二次上市。

图 1-32　哔哩哔哩

哔哩哔哩早期是一个ACG（动画、漫画、游戏）内容创作与分享的视频网站。经过十多年的发展，围绕用户、创作者和内容，构建了一个源源不断产生优质内容的生态系统。B站涵盖7000多个兴趣圈层的多元文化社区，曾获得QuestMobile研究院评选的"Z世代偏爱App"和"Z世代偏爱泛娱乐App"两项榜单第一名并入选"BrandZ 2019最具价值中国品牌100强"。

2022年2月，哔哩哔哩直播推出了开播前人脸认证功能，确保开播人与实名认证者一致，此功能后续逐步在各个分区开放。3月，哔哩哔哩公布2021年第四季度和财年财务业绩，2021财年财务业绩总净收入为194亿元，较2020年增长62%。

哔哩哔哩拥有动画、番剧、国创、音乐、舞蹈、游戏、知识、生活、娱乐、鬼畜、时尚、放映厅等15个内容分区，生活、娱乐、游戏、动漫、科技是B站主要的内容品类，此外，B站还开设了直播、游戏中心、周边等业务板块。

哔哩哔哩的特色是悬浮于视频上方的实时评论，即弹幕。弹幕可以给观众一种"实时互动"的感受，用户可以在观看视频时发送弹幕，其他用户发送的弹幕也会同步出现在视频上方。

弹幕能够构建出一种奇妙的共时性的关系，形成一种虚拟的部落式观影氛围，让哔哩哔哩成为极具互动分享和二次创造的文化社区。弹幕真正让哔哩哔哩从一个单向的视频播放平台变成了双向的情感连接平台。技术优势和文化优势也创造了弹幕生态环境与用户生态环境。

总而言之，哔哩哔哩是一个聚集年轻用户的优质短视频平台，涉及范围广，包容性强，无论是长视频还是短视频，在哔哩哔哩都有非常良好的生存环境。此外，创作者在收益上也有稳定的保障，非常适合短视频创作者创业或经营副业。

1.3.5　小红书

小红书是一个生活方式平台和消费决策入口，创始人为毛文超和瞿芳。小红书是以社区形式起家的电商平台，用户可以分享自己的消费体验，引发社区互动，从而带动消费，如图1-33所示。小红书里的"笔记"是其核心竞争力。初期，用户通过图文编辑、

图1-33　小红书

笔记贴纸、笔记话题标签等方式分享心得。后来，小红书也紧跟短视频潮流趋势，增加了视频分享功能，并添加了个性化设计功能，如在视频上添加贴纸和文字等。

2017年12月，小红书电商被《人民日报》评为代表中国消费科技产业的"中国品牌奖"。2019年6月，小红书入选"2019福布斯中国最具创新力企业榜"；7月，小红书App在多家安卓应用商店被下架；8月，继安卓应用商店后，小红书在App Store也无法搜索下载；10月，小红书在华为、OPPO、应用宝、苹果App store等应用商店重新上架；恢复上架一个月后，小红书月活突破1亿；11月，小红书再次亮相进博会，并与全球化智库（Center for China and Globalization，CCG）共同举办"新消费——重塑全球消费市场的未来形态"论坛。2020年8月4日，《苏州高新区·2020胡润全球独角兽榜》发布，小红书排名第58位。2021年11月，小红书完成新一轮5亿美元融资，投后估值高达200亿美元。小红书共有6轮融资，最新一轮为2021年的11月8日，投后估值超过200亿美金（约合人民币1267亿元），由淡马锡和腾讯领投，阿里、天图投资、元生资本等老股东跟投。

1.3.6 西瓜视频

西瓜视频是北京字节跳动科技有限公司（简称"字节跳动"）旗下的个性化推荐短视频平台，如图1-34所示，流量较大。西瓜视频通过人工智能帮助每个用户找到自己喜欢的短视频，源源不断地为不同的用户群体提供优质内容；同时鼓励多样化创作，帮助用户轻松地在平台上分享作品（短视频的长度一般在3分钟左右）。西瓜视频的发展历程大致如下：2016年5月，西瓜视频的前身——头条视频正式上线；2016年9月20日，头条视频宣布投入10亿元扶持短视频创作者；2017年6月，头条视频正式升级为西瓜视频，用户数量突破1亿；2017年11月，西瓜视频用户数量突破2亿；2018年4月，西瓜视频用户数量突破3.5亿；2018年10月，西瓜视频推出全新品牌视觉形象，发布"万花筒计划"和"风车计划"，鼓励优质内容创作；2019年12月，西瓜视频联合今日头条、抖音推出全民互动知识直播答题活动"头号英雄"；2020年1月，《囧妈》全网免费独播，属历史首次春节档电影在线首播；2021年6月，西瓜视频联合抖音、今日头条共同发起"中视频伙伴计划"，大力扶持中视频内容。加入中视频伙伴计划后，中视频创作者即可获得三个平台的流量收益。

图1-34 西瓜视频

在西瓜视频的计算机端，首页左侧是视频分类导航，右侧是展示的视频。西瓜视频已经购买了很多电视剧、电影的版权，从原来的横屏视频平台逐渐过渡到一个综合性的视频平台，意在吸引更多的用户。西瓜视频目前相对于其他短视频平台的优势是几乎没有广告，点击短视频后会直接播放内容。

抖音和西瓜视频虽然都是字节跳动旗下的短视频软件，但两者实际上是有一定区别的，抖音争夺的是竖屏市场，西瓜视频争夺的是横屏市场。横屏视频和竖屏视频的最大不同是内容源不同。横屏视频的内容源通常是数码摄像机和摄像机，竖屏视频的内容源通常是手机自带相机。后者意味着大量新增的原创、简单的短视频，而前者则面向人类拥有视频形式以来的所有集锦，已有优质精选的视频内容大都通过横屏展现，如各类电影、电视剧、综艺节目等。

西瓜视频的内容是横屏展示的。这种方式更适合较长时间的视频播放，比如影视片段、剧集。横屏视频更符合人们的观影习惯，有丰富的空间层次感、纵深感，可以表现复杂的人物关系；而竖屏视频中的人物关系往往相对简单，更适合以直播式、沉浸式的生活化镜头展现。

创作者为西瓜视频提供内容，同时获得收入分成。广告主为西瓜视频提供资金，同时获得流量。西瓜视频注重平台内容生态建设：一方面，西瓜视频打造了一整套培训体系，帮助创作者快速在西瓜视频的平台上成为专业的生产者；另一方面，西瓜视频推出"3+X"变现计划，通过平台分成升级、边看边买和直播等方式帮助创作者实现商业变现。其中，平台分成升级是指创作者能从粉丝的播放中获得非常高的分成收入。边看边买指为创作者提供电商功能，通过在短视频中插入与短视频内容有关的商品卡片，创作者可以自营商品或者与电商平台分成，从而获得收益。最后，西瓜视频上线直播功能，鼓励创作者与粉丝沟通交流，创作者可以借此获得更丰厚的收益回报。

任务实训：　注册哔哩哔哩 App

步骤 1：在手机的应用商店里下载并且安装哔哩哔哩 App，如图 1-35 所示。

图 1-35　哔哩哔哩应用的图标

步骤 2：点击"同意并继续"按钮，同意《用户协议与隐私政策提示》中的内容，如图 1-36 所示。

步骤 3：在应用界面的右下角点击"我的"按钮，如图 1-37 所示。

步骤 4：在应用界面的左上角点击"点击登录"按钮，如图 1-38 所示。

图1-36 点击"同意并继续"按钮　　图1-37 点击"我的"按钮　　图1-38 点击"点击登录"按钮

步骤5：勾选"我已阅读并同意用户协议、隐私政策和联通统一认证服务条款，未注册绑定的手机号验证成功后将自动注册"前的选项按钮，选择"本机号码一键登录"，如图1-39所示。

步骤6：登录注册完成后可以修改名称等，如图1-40所示。

图1-39 选择"本机号码一键登录"　　　　图1-40 登录注册完成

第 2 章
短视频的前期准备

 知识目标

（1）熟悉短视频团队组建的基本要求、角色分工、基本运作方式和配置优化方法。

（2）掌握短视频内容策划方法。

（3）掌握短视频内容写作方法。

 思维导图

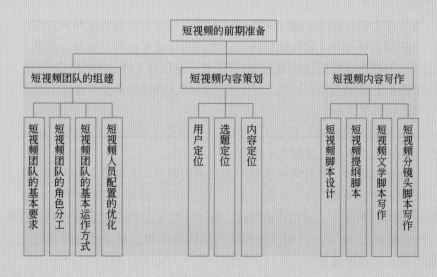

2.1 短视频团队的组建

在短视频行业飞速发展的大趋势下，越来越多的新人进入短视频领域。虽然现在的短视频具有高传播、低门槛的特性，即使只有一个人也能制作出广泛传播的短视频内容，但大多数情况下，仅靠一个人的力量已经无法完成专业短视频的制作工作。从策划、拍摄、剪辑到运营，每一步都有比较复杂的流程，需要组建专业的团队来运作。只有打造一个专业且战斗力强的团队，才能保证产出的质量和效率。下面就从基本要求、角色分工、基本运作方式和配置优化4个方面来介绍短视频团队组建的相关知识。

2.1.1 短视频团队的基本要求

通常情况下，短视频制作与发布的流程主要包括内容策划、拍摄、剪辑、发布和运营等，也就是说，需要具备相关专业知识的人员在一起合作，组成一个短视频团队来共同完成短视频制作与发布。当然，如果一个人能够完成所有这些工作，这个人就可以视作一个团队，但这对个人能力的要求极高，且工作量太大，会影响产出的质量和数量。所以，如果有多人分工协作、互帮互助，以多人团队的力量来完成短视频内容的制作，就能提高工作效率、提升短视频内容的质量，更好地获得用户的关注和传播。

作为一个优秀的短视频创作团队，所有成员都应该具备一些基本的能力，而这些能力也是对短视频团队的基本要求，下面分别进行介绍。

1. 内容策划能力

短视频的内容是其核心竞争力，对短视频的内容进行定位和创作内容脚本是制作短视频的主要工作之一。因此，如何制作出有创意、有看点且能吸引用户注意力的内容才是短视频团队的主要任务。只有做好内容，才能获得足够的用户数量，后期才能转化变现，获得收益。好的内容需要进行策划，内容策划不是仅属于团队中相关岗位成员的工作，而是需要团队所有成员共同完成的工作，应发挥团队的力量集思广益。具体来讲，内容策划能力又包括以下3种。

（1）语言风格切换能力。面对不同的用户，需要不同风格的语言，如简单直接的、诙谐幽默的、出人意料的、鼓舞人心的等。

（2）创新创意能力。创意和灵感是所有优秀内容的内在特征，好的创意能让内容深入人心，吸引更多的流量。每个人都可能有灵光一闪的时刻，团队中任何一个人的创意都可能为短视频带来成千上万用户的关注。图2-1所示是美食创意短视频，点赞量接近250万，转发量接近30万。其实该短视频的拍摄很简单，其成功的秘诀就在于其创意性的制作方法，让用户容易学习模仿，从而获得了大量用户的关注。

（3）审美能力。获得用户关注和喜爱的短视频往往需要具有一定的美感，并在摄像的角度内容的剪辑等方面有亮点。只有通过对脚本内容、色彩、图片和拍摄镜头等的个性化设计，给用户留下深刻而持久的印象，并带来强烈的视觉冲击，才能增强短视频的播放效果。短视频团队中的所有成员都需要不断提高自己的审美能力，并将其应用到日常工作中。图 2-2 所示是风景短视频，其内容具备节奏和美感，用特殊的视角拍出了普通用户没有看到过的美景，带给用户视觉享受的同时，获得了很多用户的关注和转发。

图 2-1　美食创意短视频

图 2-2　风景短视频

2. 运营推广能力

对短视频内容创作者来说，每一个短视频的发布都是一次市场推广，推广主体就是短视频内容。这项工作不仅需要专业的运营人员全力完成，也需要短视频团队的其他人员通过点赞或转发等方式，向身边的朋友或关注自己的用户推广该短视频，帮助短视频获得一定的流量。因此，运营推广能力也是短视频团队成员必须具备的。运营推广能力又包括以下 5 个方面。

（1）营销意识。营销意识就是将营销理念、营销原则转化为内在的习惯和行为规范。如果制作短视频的目的是实现经济价值，相应地，团队就需要在脚本创作、视频拍摄和剪辑等各个步骤都具备一定的营销意识，这样制作出来的内容才能够获得足够的关注和流量。营销意识并不是先天具备的，可以通过后天学习获得。

（2）运营能力。运营能力是指根据各个短视频平台的推荐机制，形成一套自己的短视频推广方案，增强用户对短视频账号的认知度，扩大传播范围。

（3）分析能力。分析能力是指分析同类型传播量较大的短视频的相关数据和用户反馈等多方面的信息，从中摸索出一套普遍、实用的规律。例如，在抖音短视频中可以通过完播量、点赞量、评论量和转发量来分析该短视频的受欢迎情况。通常情况下，完播量高的短视频内容较受欢迎；点赞量高说明短视频调动了用户的情绪；评论量高说明短视频有话题点，能让用户有评论的欲望；转发量高说明短视频的内容有较强的社交属性，能让用户产生分享的欲望。

（4）社交能力。短视频需要团队成员收集较多的用户信息和反馈，在该过程中就会产生人际交往活动，因此要求团队成员具备一定的社交能力。

（5）执行能力。短视频需要团队成员作为参与者，参与到整个运营活动中。参与就是一个执行的过程，因为只有在执行过程中，才能真正发现短视频的问题。若能妥善地处理好这些问题，就能在一定程度上保持短视频的流量，因此，团队成员需要具备发现问题并处理问题的能力，即执行能力。例如，短视频用户通常能直接对内容进行评论，一旦评论量较大，就容易导致收到用户反馈信息后无法形成正确的判断和认知，此时，具备良好执行能力的团队成员就会多与用户沟通，引导用户并形成正面的反馈。

3. 其他能力

除了内容策划和运营推广能力外，还有一些能力也是短视频团队成员应具备的，包括视频拍摄和剪辑能力、学习能力和自我心理调节能力等。

（1）视频拍摄和剪辑能力。视频拍摄和剪辑通常属于专业性比较强的工作，但由于短视频团队有时候需要一人身兼数职，所以团队成员具备一些基本的视频拍摄和剪辑技能是有必要的。例如，能够使用手机、数码相机或摄像机进行拍摄，能够使用剪映或爱剪辑等软件对短视频进行简单的处理等。

（2）学习能力。短视频行业的发展速度很快，各种知识的更迭也快，需要每一位从事短视频制作的人员不断在自己专业的领域内摸索、创新，不断学习、进步和突破。

（3）自我心理调节能力。短视频制作工作比较辛苦，容易让人的身体和心理处于疲惫状态，尤其是心理方面，这就需要相关人员具备较强的自我心理调整能力。短视频团队成员要能够通过自己的方式缓解精神压力，在受到用户或粉丝的误解时，应鼓励自己，坚定信念，使自己以最佳的心理状态和积极向上的精神风貌投入工作中，保证短视频内容的质量。

2.1.2 短视频团队的角色分工

现在短视频制作已经从独自完成转变为团队作战，因为这样会更具专业性。相对于微电影创作，短视频的时长更短，内容更丰富。要想拍摄出火爆的短视频作品，制作团队的组建不容忽视。那么，完成一个专业水平的短视频作品的制作到底需要哪些团队成员呢？

1. 编导

在短视频制作团队中，编导是"最高指挥官"，相当于节目的导演，主要对短视频的主题风格、内容方向及短视频内容的策划和脚本负责，按照短视频定位及风格确定拍摄计划，协调各方面的人员，以保证工作进程。另外，在拍摄和剪辑环节也需要编导的参与，所以这个角色非常重要。编导的工作主要包括短视频策划、脚本创作、现场拍摄、后期剪辑、短视频包装（片头、片尾的设计）等。

2. 演员

演员根据剧本进行表演，包括唱歌、跳舞等才艺表演，根据剧情、"人设"特点进行演绎等。演员需具备表现人物特点的能力，在某些情况下，团队中的其他成员也可以灵活充当演员的角色。不同类型的短视频对演员的要求不同，举例如下。

（1）脱口秀短视频一般要求演员的表情比较夸张，演员可以用带有喜剧张力的方式生动地诠释台词。

（2）故事叙述类短视频对演员的肢体语言表现力及演技要求较高。

（3）美食类短视频对演员传达食物吸引力的能力有着很高的要求，演员需要用自然的演技表现出食物的诱惑力，以达到突出短视频主题的目的。

（4）生活技巧类、科技数码类等短视频对演员没有太多演技上的要求。

3. 摄像师

优秀的摄像师是短视频能够成功的关键，因为短视频的表现力及意境都是通过镜头语言来表现的。一个优秀的摄影师能够通过镜头完成编导规划的拍摄任务，并给剪辑留下非常好的原始素材，节约大量的制作成本，并完美地达到拍摄目的。因此，摄像师需要了解镜头脚本语言，精通拍摄技术，对视频剪辑工作也要有一定的了解。

4. 剪辑师

剪辑是声像素材的分解重组工作，也是对摄制素材的再创作。将素材变为作品的过程实际上是一个精心的再创作过程。

剪辑师是短视频后期制作中不可或缺的重要职位。一般情况下，在短视频拍摄完成之后，剪辑师需要对拍摄的素材进行选择与组合，舍弃一些不必要的素材，保留精华部分，还会利用一些视频剪辑软件对短视频进行配乐、配音及特效制作，其根本目的是要更加准确地突出短视频的主题，保证短视频结构严谨、风格鲜明。对短视频创作来说，后期制作犹如"点睛之笔"，可以将杂乱无章的片段进行有机组合，形成一个完整的作品，而这些工作都需要剪辑师来完成。

5. 运营人员

虽然精彩的内容是短视频得到广泛传播的基本要求，但短视频的传播也离不开运营人员对短视频的网络推广。在新媒体时代，由于平台众多，传播渠道多元化，若没有优秀的运营人员，无论多么精彩的内容，恐怕都会淹没在茫茫的信息大潮中。由此可见，运营人员的工作直接关系着短视频能否被人们注意，进而进入商业变现的流程。运营人员的主要工作内容如下。

（1）内容管理，为短视频提供导向性意见。

（2）用户管理，负责收集用户反馈，策划用户活动，筹建用户社群等。

（3）渠道管理，掌握各种渠道的推广动向，积极参与各种活动。

（4）数据管理，分析单渠道播放量、评论数量、收藏数量、转发数量及背后的意义等。

2.1.3 短视频团队的基本运作方式

搭建好短视频团队后，其基本运作方式通常是将日常工作标准化为具体项目，然后按照这个标准项目开展工作。以中配团队为例，短视频团队的日常工作项目如表 2-1 所示。

表 2-1 短视频团队的日常工作项目

岗位	职 责	结 果	负责人
编导	确定内容选题	每周至少确定 5 个选题	A
	根据运营人员的反馈修改选题和短视频内容	每周针对出现的问题列出改进方案	
	制作出明确的拍摄和剪辑大纲与脚本	将确定的选题内容展示给拍摄剪辑人员	
摄像剪辑	根据脚本拍摄短视频	将确定的选题内容展示给拍摄剪辑人员	B
	对拍摄的短视频进行剪辑	每周至少剪辑 5 个短视频	
	根据运营人员的反馈补拍短视频素材并重新剪辑短视频	每周根据问题列出改进方案，并完成短视频的最终制作	
运营	对完成的短视频进行多平台分发	选择短视频分发的平台	C
	对发布的短视频进行数据分析，并进行内容和用户运营	完成目标任务，例如用户增加数量、转发数量、收益金额等	
	根据数据分析结果和运营情况，向编导人员和摄像剪辑人员提出反馈	根据具体的情况提出改进方案	

在了解团队的日常工作项目后，应对具体的工作进行细分，并制订相应的工作计划。只有将每一项工作的内容分解落实到每一周、每一天，才会让团队人员明确自己的工作，更容易去执行。以中配团队为例，短视频团队的一周工作计划如表 2-2 所示。

表 2-2 短视频团队的一周工作计划

岗位	目标	工作内容	周一	周二	周三	周四	周五	完成情况	备注
编导	完成脚本	确认选题并撰写脚本	确定选题	撰写脚本构架	脚本细化	辅助拍摄	辅助拍摄		
摄像剪辑	拍摄短视频	参与脚本讨论	参与	准备拍摄	准备拍摄	拍摄短视频	拍摄短视频		
运营	完成初剪	参与脚本讨论	参与	准备剪辑	准备剪辑	开始初剪	开始初剪		
编导	保证短视频质量过关	确定选题并保证拍摄和初剪的质量	确定选题	监督脚本创作和拍摄剪辑的准备	检查脚本的质量	监督拍摄	保证初剪合格		

2.1.4 短视频人员配置的优化

越是专业的短视频团队，人员配置越齐全、分工越明确。但许多短视频账号在运营初期，由于市场反馈和收益情况无法预见，并不能实现每个职能分工都由专人负责。在这种情况下，短视频工作团队需要优化人员配置，根据具体情况不断调整人员结构。

1. 人员配置：高配、中配、低配

不同类型的短视频，在内容创作和运营方面的工作量和难度各有不同，所需要的人员配置也有差异。在组建短视频工作团队时，可以按照资源投入和目标要求，把人员配置分为高配、中配、低配3个级别，如表2-3所示。

表2-3 人员配置表

级 别	高 配	中 配	低 配
人员配置	导演	内容运营人员	自编、自导、自演、自拍、自剪、自运营的全能人员
	编剧策划		
	道具人员		
	运营人员		
	演员	演员	
	化妆师		
	配音师		
	美工	视频制作人员	
	剪辑人员		
	摄像拍摄		

个人短视频账号如果在运营初期没有或暂时没有变现目标，可以尝试由个人完成所有的创作和运营工作。但对于专业团队和企业账号来说，初始的短视频工作团队应该配置2~4人，这些人分别负责内容创作和运营、拍摄剪辑短视频作品等。如果对于出镜人员有较高要求，则需要至少配置一名演员。

2. 高效分工：任务分解结构法

要想实现短视频团队的高效分工，可以采取WBS（work breakdown structure，任务分解结构法），其思路为将目标分解成任务，将任务分解成多项具体工作，再将每一项工作分解为每位人员的日常活动，直到无法继续分解为止。因此，此方法的核心逻辑是目标—任务—工作—活动。

WBS包含3个关键词：任务（work）、分解（breakdown）、结构（structure），具体内容如下。

（1）任务。任务是指可以产生有形结果的工作目标。例如，短视频用户运营可以直接带来用户增长、播放量增加、评论量增加等。

（2）分解。将目标按照"目标—任务—工作—活动"的逻辑层层分解，直到无法再次细分。如果将拍摄一条短视频作为一个目标，那么其重要过程可以分解为策划、拍摄、制作、运营等任务，而策划又可以分为内容定位、竞品分析、搭建选题库、选择主题等多项具体工作，其中搭建选题库又可以细分为建立选题库、研究竞争对手选题库、汇总用户反馈选题库等日常工作内容。

（3）结构。结构是指按照"相互独立、完全穷尽"的原则，使短视频团队保持一定的结构和逻辑，让每一个职能人员各司其职，保证每一项工作都涉及，做到不遗漏、不重复，每项具体工作之间相互独立，且只能有一个负责人，其他人只能是参与者。

2.2　短视频内容策划

随着短视频数量的增多，用户的品位越来越高，因此优质的内容才是短视频吸引用户的核心因素。本节从用户定位、选题定位、内容定位 3 个方面来进行讲解。

2.2.1　用户定位

进行短视频内容策划时，短视频创作者首先需要对用户进行分析。首先明确目标用户，简单来说就是明确拍摄的短视频是给谁看的；然后找到用户到底需要什么、最想看到什么，挖掘用户的痛点，掌握用户的真实需求，这样才能拍摄出受欢迎的短视频。

1. 分析用户需求

只有真正尊重用户，真正掌握用户需求，才能获得用户的认可。做引流运营也是如此，互联网时代"用户需求驱动"的理念应该刻入每个人的基因。发现用户需求只是起点，还要进一步对"需求"和"用户"进行聚焦，甄别出"真实需求"和"粉丝用户"。"真实需求"是要确定用户真正的需求是什么，而"粉丝用户"则是要找到对需求最敏感的用户。用户的需求可以分为以下 4 种。

（1）基础需求，指用户生活中的基本需求。短视频如果不能满足基础需求，其传播影响就是负面的。

（2）期望需求，用户期望得到满足的需求，如期望手机可以用来玩游戏。

（3）兴奋需求，如用户兴奋地觉得短视频特点鲜明或者内容实用，满足这种需求极易为短视频带来正向的口碑。

（4）无差异需求，主要是指用户的满意度与需求实现程度不相关，即无论短视频能否满足此需求，用户的满意度都不会改变，因为用户根本不在意。

2. 明确用户画像

短视频用户以"90 后""00 后"为主，这意味着短视频用户是当下我国的主流消费人群。短视频已经植入人们移动生活全天的过程当中，短视频用户的黏性越来越强。据统计，用户单次观看短视频时长的均值为 29.4 分钟，每天观看短视频的平均时长为 65.9 分钟。不同的短视频账号针对的目标受众是不同的，这就需要进行用户画像。短视频创作者要分析出自己品牌或视频的受众群体，锁定目标用户群，提炼其主要需求。以抖音为例，观看演绎、生活、美食类短视频的用户较多，而观看情感、文化、影视类短视频的用户增长较快。从不同角度看，男性对汽车、游戏、科技类短视频偏好度较高，女性对美妆、服饰类短视频偏好度较高；"00后"对电子产品时尚类短视频偏好度较高，"80后"对母婴、美食类短视频偏好度较高，图2-3所示是母婴类短视频。

要想打造热门的短视频，就要在短视频的内容选择上有针对性地迎合目标用户群的需求，更快、更有效地吸引他们的目光，提升短视频的点赞量和播放量。通过进行用户画像，短视频创作者能够更好地了解用户偏好，挖掘用户需求，从而锁定目标用户群，实现精准定位。

3. 挖掘用户痛点

痛点是指用户未被满足的、亟需解决的需求。短视频的内容只有戳中了用户的痛点，才具有吸引力和说服力。但是想要戳中用户的痛点并不容易，很多短视频创作者就是因为没有找准用户的痛点，弄错了用户的真正需求，才导致短视频运营效果不理想。因此，进行短视频策划时要先挖掘用户的痛点，这可以按照以下3个维度进行。

（1）深度。短视频的深度是用户的本质需求，具有延展性，在创作短视频时需要多问几个为什么，多去想想有没有更多的可能性。比如，手机刚开始出现的时候，用户对其最本质的需求就是打电话，后来手机又陆续新增了发送短信、彩信、播放音乐和拍照等功能。现在，手机已经成了智能移动终端，用手机社交、打车、购物等成为用户的深度需求。

（2）细度。细度是指将用户的痛点进行细分再细分。如果把短视频市场比作一块蛋糕，细分就是市场中的切割思维，切割的方式有很多种，可以横着切，也可以竖着切。在同类型、同领域的短视频账号多如牛毛的情况下，很多早期发展起来的账号已经占据了绝对优势，成为行业翘楚，刚刚入门的新手可能很难从中抢占一席之地。怎么办？这时候最有效的办法就是垂直细分后再细分，从中找出特定的目标用户群，根据其特点和需求，创作出具有吸引力的内容，吸引用户。例如，舞蹈是一个大的垂直领域，有街舞、爵士、拉丁舞等细分领域。图2-4所示为某拉丁舞舞蹈抖音账号发布的短视频，就属于细分领域。

图2-3 母婴类短视频

图2-4 拉丁舞舞蹈短视频

细分可以按地域来分，如"美食在成都""美食在深圳"；也可以按兴趣、生活场景、知识单元来分，如瑜伽是垂直类，那么亲子瑜伽就是垂直细分，周末亲子瑜伽就是重度垂直细分。图2-5所示为某亲子瑜伽抖音账号发布的短视频，就属于重度垂直细分领域。

（3）强度。强度是指用户解决痛点的急切程度。如果能够找到用户的高强度需求，那么短视频受欢迎的概率就很大。用户的需求有多大，未来的市场空间就有多大。什么样的需求是用户的高强度需求呢？就是用户主动寻找解决途径、宁愿花钱也要解决的需求。短视频创作者要及时发现这些需求，给用户反馈的渠道，或者在短视频评论区仔细分析用户评论，从中找出用户急需要解决的需求。

图2-6所示为某摄影教学短视频，该账号的粉丝超过500万。这位视频创作者用有趣的方法制作短视频，让更多的用户获得了高质量的免费教育资源，满足了他们学习摄影知识的需求。

图2-5　亲子瑜伽短视频

图2-6　摄影教学短视频

2.2.2　选题定位

创作"爆款"短视频的关键是巧妙选择主题。选题要以用户偏好为基础，在保证主题鲜明的前提下，为用户提供有价值、有趣味的信息，这样才能获得更多用户的喜爱。

短视频创作者在创作短视频时，可以从人、具、粮、法、境5个维度来确定选题。"人"即人物。例如，拍摄的主角是谁，他是何种身份，有什么特点，用户群体是什么。"具"即工具和设备。例如，短视频的主角是一名学生，他平时会用到课本、文具、书包等。"粮"即精神食粮。例如，高中学生喜欢看哪类书、会学习哪些课程、日常观看哪些影视作品等。要分析目标群体，则要充分了解他们的需求，从而找到合适的选题。"法"即方式和方法。例如，高中学生如何与家长、老师、同学相处等。"境"即环境。不一样的剧情需要不一样的环境。例如，学生在学校和在家中所涉及的人物、事件有所不同，短视频创作者需要根据剧情选择能够满足拍摄要求的环境。

围绕以上 5 个维度进行梳理，可以将选题细分为二级、三级甚至更多层级的选题，形成选题树，方便短视频创作者多方位确定选题。以热爱旅行的女性用户为例，短视频创作者可以通过选题树细化出多个主题，从而策划出各种各样的选题，其选题树如图 2-7 所示。

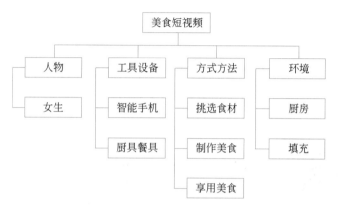

图 2-7　美食短视频选题树

需要说明的是，制作并拓展选题树是一个长期的过程，随着时间的推移，可以延展的选题内容将会越来越多。

2.2.3　内容定位

在对短视频选题进行定位之后，就需要对短视频的内容进行定位了。内容才是短视频的核心，只有符合用户需求的内容才能吸引足够的用户关注，只有满足用户需求的内容对用户才有价值。短视频内容定位包括选择短视频内容领域、确定短视频内容风格和内容形式。

1. 选择短视频内容领域

短视频内容领域其实就是内容的主题，在上一章中已经介绍过了。面对这么多内容领域，我们该如何选择呢？重要的是，不要跟风选择内容关注度最高的领域，而是要精准定位，即什么内容能够帮助短视频账号获得更精准的用户，就制作什么内容的短视频。在内容领域的选择上，最简单有效的方式就是选择的内容是创作者自己最拿手、资源最多的领域，这样在后期的内容制作上才能更加自如，使短视频在选题和资源上都有保障。

另外，如果能够选择关注度高的内容领域制作短视频，通常会起到事半功倍的效果，更容易获得很高的播放量和更多用户的关注。

2. 确定短视频内容风格和内容形式

在确定了短视频内容的风格后，就需要确定内容的形式，也就是短视频要以哪种形式进行拍摄和制作，并最终呈现在用户面前。短视频的内容创作者可以根据制作方式和出镜主体的不同来对短视频内容形式进行选择。常见的短视频内容形式主要有以下几种。

（1）真人为主。真人为主是目前短视频的主流形式，大多数粉丝数量超过千万的短视频账号的内容形式都是以真人为主。以真人为主的短视频内容往往具备更多的拍摄形式和创作空间，并让短视频内容拥有非常深刻的记忆点。真人形式的短视频在获得用户关注之后，主角本人往往也可以获得较大的知名度，并获得一定的影响力和价值，图2-8所示为真人为主短视频。

（2）肢体或语音为主。肢体或语音为主的短视频内容形式以声音和肢体（如被遮挡的脸部、手部等）为主，以画面为辅。这种短视频内容形式有一个显著的特点，就是因为缺失脸部这个记忆点，所以需要使用有特殊物体作为该短视频内容的标志，如辨识度高的声音、某种特殊样式的头套等，图2-9所示为语音为主短视频。

图2-8　真人为主短视频

图2-9　语音为主短视频

（3）动物为主。动物为主的短视频以动物为拍摄主体。以动物为主的短视频仍然需要通过配音、字幕和特定的表情抓拍等手段赋予动物"人的属性"，特别是字幕和配音，有了这两点才能让用户看懂短视频内容。但这种形式的短视频不容易拍摄，因为动物的行为和反应充满了不可控性，可能会消耗内容创作者较多的时间与精力等，这些都是在选择动物为主的内容形式时应考虑的问题，图2-10所示为动物为主短视频。

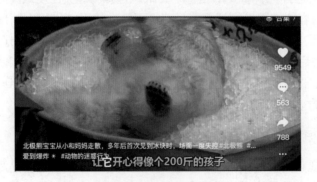

图2-10　动物为主短视频

（4）虚拟形象为主。虚拟形象为主的视频就是人为制作的二维动画，这种形式的短视频内容需要专业的人员进行虚拟形象设计，会花费比较高的人力和时间成本。但这种形式的短视频也有自己的优势，就是具有更高的可控性，因为虚拟形象是内容创作者制作的，所以整个短视频内容的走向、情绪的表达与剧情推动都可以由创作者自己控制。虚拟形象可以制作得精致可爱，这样容易被用户所喜爱，从而获得关注和播放量，图 2-11 所示为虚拟形象为主短视频。

图 2-11 虚拟形象为主短视频

（5）剪辑内容为主。这种视频就是以各种影视剧或综艺节目为基础，截取精华看点或情节编辑制作的短视频。这种短视频的作用是进行二次传播、节目宣传或话题营销等。这种短视频既节约人力和时间成本，又有助于连续地、高频率地进行创作，具备非常大的传播优势，图 2-12 所示为剪辑内容为主短视频。

图 2-12 剪辑内容为主短视频

2.3 短视频内容写作

在正式开始拍摄短视频之前，短视频创作者要考虑很多问题，包括短视频的主要内容呈现形式、拍摄场景、参演人员、场景和人物分别发挥的作用、故事情节如何展开、拍摄机位设置、背景音乐选择等。为了厘清上述问题，达到短视频创作意图，短视频创作者需要撰写脚本。短视频脚本可以分为短视频文学脚本和短视频分镜头脚本。

2.3.1　短视频脚本设计

在撰写短视频脚本之前，通常需要确定整体思路和流程，主要包括以下 3 项。

（1）主题定位。短视频的内容通常都有主题。例如，拍摄美食系列的短视频，就要确定是以制作美食为主题，还是以展示特色美食为主题；拍摄评测类的短视频，就要确定是以汽车评测为主题，还是以数码商品评测为主题。在创作并撰写脚本时，首先应确定要表达的主题，然后开始脚本创作。

（2）框架搭建。确定短视频的主题之后，就需要规划短视频的内容框架了。规划内容框架的主要工作就是要想好通过什么样的内容细节和表现方式来展现短视频的主题，包括人物、场景、事件和转折点等，并对此做出详细的规划。在这一环节中，人物、场景、事件都要确定。例如，短视频的主题是表现大学生初入社会的艰辛，那么人物设定可以是一个从贫困山区考入繁华都市大学的农家子弟，事件是找工作屡次碰壁、没钱租房、为了省钱走路去面试等。在这一环节，可以设置很多这样的情节和冲突来表现主题，最终形成一个完整的故事。

（3）故事细节填充。短视频内容的质量好坏很多时候体现在一些小细节上，可能是一句打动人心的台词，也可能是某件唤起用户记忆的道具。细节最大的作用就是加强用户的代入感，调动用户的情绪，让短视频的内容更有感染力，从而获得用户的关注。

短视频脚本相当于短视频的灵魂，有助于用户把握整个短视频的故事走向及风格。短视频脚本包括故事发生的时间、地点、人物、台词、动作及情绪的变化等。短视频脚本具有以下 4 个功能。

（1）提高团队的效率。通过脚本，演员、摄影师、剪辑师能快速领会短视频创作者的意图，高效、准确地完成任务，降低团队的沟通成本。一份完整详细的脚本能够让摄影师在拍摄的过程中更有目的性和计划性。

（2）提供内容提纲和框架。短视频脚本能够为短视频创作提供内容提纲和框架，提前统筹安排好每一个成员要做的工作，并为后续的拍摄、制作等工作提供流程指导，明确各种分工。

（3）保证短视频的主题明确。在拍摄短视频之前，通过脚本明确拍摄的主题能保证整个拍摄的过程都围绕核心主题，并为核心主题服务。

（4）提升短视频制作质量。短视频脚本可以呈现景别、场景，演员服装、道具、化妆、台词和表情，以及 BGM 和剪辑效果等，有助于精雕细琢视频画面细节，提升短视频制作质量。

短视频受时长限制，需要在短时间内将内容完整地呈现出来。因此，在设计脚本时，除了要考虑其合理性和实用性，还需注意以下 3 个设计要点。

（1）设计短视频拍摄提纲时，搭建的框架模块要清晰，表达要简洁明了，只保留重点内容作为拍摄指引即可。

（2）设计文学脚本时，需要设置拍摄地点，如室内、室外、影棚等。此外，还需要设计演员要呈现的具体内容。值得注意的是，设计呈现内容时不仅需要围绕主题，还需要设计槽点和互动点。

（3）设计分镜头脚本时，由于观众的观影注意力不仅受剧情吸引，还会受画面影响，因此，需要注意拍摄镜头的景别、构图和持续时间的合理性。

2.3.2　短视频提纲脚本

撰写提纲脚本相当于为短视频搭建一个基本框架，在拍摄短视频之前，将需要拍摄的内容加以罗列整理，类似于提炼出文章的主旨。这种类型的脚本更适用于纪录片的拍摄。提前定好大致方向，在拍摄过程中可以根据实际情况灵活处理。撰写短视频提纲脚本的步骤通常如下。

（1）明确选题、立意和创作方向，确定创作目标。

（2）呈现选题的角度和切入点。

（3）阐述不同题材表现技巧、创作手法的不同。

（4）阐述短视频的风格、节奏、构图、光线。

（5）详细地呈现场景的转换、结构、视角和主题。

（6）完善细节，补充剪辑、音乐、解说、配音等内容。

2.3.3　短视频文学脚本写作

文学脚本是在提纲脚本上增加细化的内容，使脚本内容更加丰富多彩。文学脚本将可控因素都罗列了出来，这类脚本适用于拍摄突发的剧情或直接展示画面。表演类短视频，如教学视频、测评视频等，其文学脚本通常只需要规定人物需要做的任务、台词、所选用的镜头和时长。撰写短视频文学脚本时，需要遵循3个步骤：确定主题、搭建框架、填充细节。

（1）确定主题。在撰写短视频文学脚本之前，需要确定短视频内容的主题，然后根据这一主题进行创作。短视频创作者在撰写短视频文学脚本时要紧紧围绕这个主题，切勿加入其他无关内容，以免导致作品偏题、跑题等。

（2）搭建框架。确定短视频的主题之后，短视频创作者需要进一步搭建文学脚本的框架，设计短视频中的人物、场景、事件等要素。短视频创作者在创作时要快速进入主题、突出亮点。如果能在脚本中加入多样的元素，如引发矛盾、形成对比、结尾反转等，会达到更好的效果。

（3）填充细节。"细节决定成败"，短视频文学脚本也需要有丰富的细节，才能使短视频内容更加饱满，从而使用户产生强烈的代入感和情感共鸣。

在短视频《有人偷偷爱着你》中，店主在赶走客人时，催促了一句"快走吧"；电梯里的大哥为外卖小哥让位置时，拍了拍他的肩膀说"快进去吧，我走楼梯"；汽车车主用铁棍敲完三轮车后，说"扯平了"。

上述细节使短视频内容更丰富，人物刻画更完整，更能够引发用户共鸣、调动用户情绪。

2.3.4 短视频分镜头脚本写作

分镜头脚本将文字转换成了可以用镜头直接表现的画面。分镜头脚本通常包括画面内容、景别、拍摄技巧、时间、机位、人物、台词、音效等。

分镜头脚本能体现出短视频中的画面，也能精确地体现出对拍摄镜头的要求。分镜头脚本对拍摄画面的要求极高，适合微电影类短视频的创作，这种类型的短视频一般故事性比较强。由于对视频更新周期没有严格限制，短视频创作者有大量的时间和精力去策划，因此可以使用分镜头脚本，它既能满足严格的拍摄要求，又能提高拍摄画面的质量。

分镜头脚本要充分体现短视频所要表达的主题，还要通俗易懂，因为它在拍摄和后期剪辑过程中都会起到关键作用。表 2-4 所示为短视频分镜头脚本。

表 2-4　短视频分镜头脚本

景　别	拍摄技巧	画面内容	字　幕	音　效	时间	人物
中景 + 小全景	固定	车站里孤独的背影	—	火车开动声音	10 秒	A
远景	固定	城市车水马龙	又一次从家乡远行，只留下浓浓的乡愁。	城市吵闹声	5 秒	—
中景 + 特写	固定	流泪的面孔	—	—	8 秒	A
全景 + 中景	全景移动	远去故乡的风景	—	风声	10 秒	—

撰写分镜头脚本时需要把握以下几个要点。

（1）确定故事主线。确定整个故事的主线和核心是第一步，包括短视频要讲的故事主题是什么，需要哪些人物出场，人物之间的关系是什么，故事发生的场景在哪里，时长需要控制在多长等。

（2）转折 + 冲突。设计 1~2 个冲突或转折点，有转折、有冲突的故事往往更能吸引用户的目光。短视频创作者要思考哪里设置冲突更合理、哪里设置转折更能让用户意犹未尽。

（3）时间的把控。人的注意力时间刚好是 15 秒，时间太短会使内容没办法呈现，时间太长又会让人产生视觉疲劳。15 秒是一个临界值，短视频创作者要在有限的时间里展现出最好的效果。

（4）景别 + 拍摄手法。哪种景别更能呈现出好的效果？什么样的拍摄手法能体现视频的意境？弄清景别及各种拍摄手法的作用，才能呈现最好的效果。

任务实训：　下载短视频脚本

本节实训是在抖查查网站中下载一个当前比较流行的人生反转剧情的短视频脚本，具体操作步骤如下。

步骤 1：打开抖查查网站首页，单击"工具"选项卡的"短视频脚本库"超链接，如图 2-13 所示。

图 2-13　打开网站首页

步骤 2：打开"高效涨粉的脚本库"界面，在"分类"栏中选择"剧情"选项，在搜索文本中输入"搞笑"，单击"搜索"按钮，在搜索到的脚本选项中单击"详情与下载"按钮，如图 2-14 所示。

图 2-14　搜索短视频脚本

步骤 3：在打开的对话框中查看该脚本的简介，再单击"单个提取"按钮，如图 2-15 所示。

图 2-15　提取短视频脚本

步骤 4：单击"单个提取"或"批量提取"按钮即可提取该脚本。单击"立即查看"即可看到脚本内容，如图 2-16 所示。

图 2-16　查看脚本内容

步骤 5：在对话框中可以复制脚本内容，如图 2-17 所示。

图 2-17　复制脚本内容

| 第 3 章 |

短视频拍摄

 知识目标

（1）了解拍摄前的准备。

（2）熟悉短视频构图原则与方法。

（3）掌握短视频拍摄技巧。

（4）掌握手机拍摄短视频方法。

 思维导图

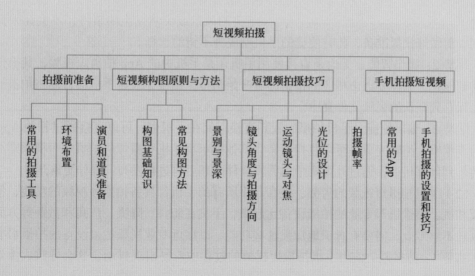

3.1　拍摄前准备

为更好地呈现拍摄画面效果，本节首先介绍短视频常用的拍摄工具、环境布置、演员和道具准备等相关知识。

3.1.1　常用的拍摄工具

"工欲善其事，必先利其器"，拍摄短视频需要配置一些拍摄设备。通常，中高配的短视频团队可以采用单反相机、摄像机和稳定器等专业设备，低配短视频团队则可以直接使用手机进行拍摄。在制作成本宽裕的情况下，可以购买和使用无人机进行航拍。

1. 手机

手机已经成为人们日常生活不可缺少的用品，直接使用手机通常就能够拍摄出短视频，如图 3-1 所示，拍摄后可直接将其发布到短视频平台中，十分方便。当然，也可以使用手机中的应用软件拍摄和制作短视频，通过设置滤镜和道具等，提升短视频画面的最终效果。

图 3-1　手机

（1）手机拍摄短视频的优势。手机作为拍摄短视频的设备有以下 3 点优势。

优势 1：拍摄方便。人们在日常生活中都会携带手机，这就意味着只要看到有趣的瞬间或美丽的风景，就可以使用手机随时捕捉和拍摄。精彩的瞬间可能稍纵即逝，一些有趣的画面、绝美的风景或突然发生的事件，不会让人们有时间提前做好拍摄准备，此时便捷的手机就成为不错的选择。

优势 2：操作智能。无论是直接使用手机还是手机中的 App 拍摄短视频，其操作都非常智能化，只需要点击相应的按钮即可开始拍摄，拍摄完成后手机会自动将拍摄的短视频保存到默认的视频文件夹中。

优势 3：编辑便捷。手机拍摄的视频直接存储在手机中，可以直接通过相关 App 进行后期编辑，编辑完成后可以直接发布。其他如单反相机和摄像机拍摄的短视频则需要先传输到计算机中，通过计算机中的剪辑软件处理后再进行发布，操作更麻烦。

（2）手机拍摄短视频的劣势。现在几乎所有的手机都具备拍摄短视频的功能，但和单反相机、摄像机等专业的拍摄设备比起来，手机在防抖、降噪、广角和微距等方面的表现还不够专业，需要有意识地加强这些功能，以接近专业视频拍摄设备的拍摄水准。

劣势 1：防抖差。使用手机拍摄短视频的过程中容易出现抖动，这会导致成像效果不好，所以要选择具备防抖功能的手机进行拍摄。防抖功能过去常用在单反相机和摄像机中，其主要作用是避免或者减少捕捉光学信号过程中出现的设备抖动现象，从而提高成像质量。防抖又分为光学防抖和电子防抖两种类型，由于电子防抖是基于降低画质的原理，所以最好选择具备光学防抖功能的手机。

劣势 2：不易降噪。降噪是指减少短视频画面中的噪点。噪点是指感光元件将光线作为接收信号并将其转换为电子信号输出的过程中，由于电子噪声干扰所产生的粗糙颗粒。简单地说，就是短视频图像中肉眼可见的一些小颗粒。噪点过多会让短视频画面看起来混乱、模糊、朦胧和粗糙，没办法突出拍摄重点，影响短视频的成像效果。目前，大部分手机都不具备降噪功能，但可以通过后期剪辑实现降噪。

劣势 3：缺少广角和微距。目前很多手机只能单一拍摄景物，没有广角和微距功能，没办法拍出大场面、大建筑和细微物体更有质感的画面。具备广角功能的设备拍摄出的短视频画面近的东西更大，远的东西更小，从纵深上能产生强烈的透视效果，有利于增强画面的感染力。具备微距功能的设备能够拍摄一些细小的自然物和人物细节，这可以提升短视频画面的质感，能带给用户一种视觉上的震撼。

2. 单反相机

如果短视频团队中的摄像人员具备一些拍摄的基础知识，且团队的运营资金也较为充足，那么可以考虑选用专业的单反相机作为短视频的拍摄设备。单反相机的全称是单镜头反光式取景照相机，是指用单镜头，并且光线通过此镜头照射到反光镜上，通过反光取景的相机，如图 3-2 所示。

图 3-2　单反相机

（1）单反相机拍摄短视频的优势。随着短视频越来越被广大用户所接受，使用手机拍摄的短视频已经无法满足很多专业用户的需求，使用单反相机拍摄短视频就成为一种必然的趋势。

优势 1：画质更强。单反相机拍摄的短视频比手机拍摄的画面质量更高，甚至已经达到专业摄像机的水平，主要表现在 4 个方面，如图 3-3 所示。

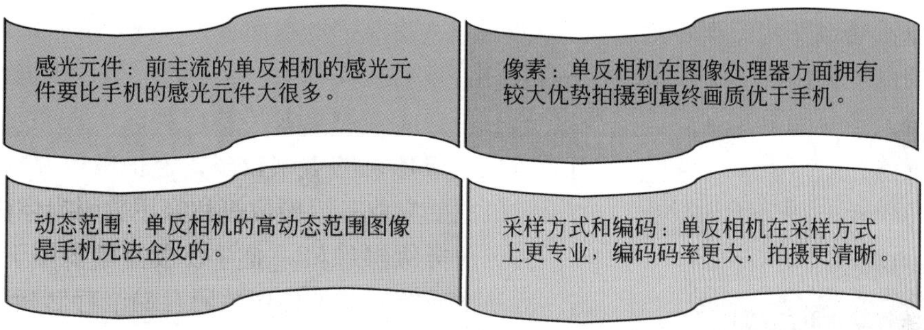

感光元件：前主流的单反相机的感光元件要比手机的感光元件大很多。	像素：单反相机在图像处理器方面拥有较大优势拍摄到最终画质优于手机。
动态范围：单反相机的高动态范围图像是手机无法企及的。	采样方式和编码：单反相机在采样方式上更专业，编码码率更大，拍摄更清晰。

图 3-3　单反相机画质优势

优势 2：丰富的镜头选择。相比使用手机拍摄短视频，单反相机的另一个优势是可拆卸和更换镜头，而且可以选择不同的镜头拍摄不同画面的景别、景深和透视效果，以丰富视觉效果。

单反相机使用不同焦段镜头拍摄短视频的画面景别是不一样的。例如，使用长焦镜头能够拍摄更远的画面，在画面中能够实现压缩空间的效果，也就是拍摄主体近大远小的透视关系不那么明显，而广角镜头则能够拍摄更广的画面，从而增强透视关系，使近处的物体被放大、远处的物体被缩小，增强画面的纵深感。此外，微距镜头和远摄镜头也能使拍摄的短视频展现出更为丰富的画面效果。

总之，单反相机拍摄短视频的优势主要在于高画质和丰富的镜头选择上，同时其价格又低于摄像机，相对摄像机有更高的性价比。

（2）单反相机拍摄短视频的常用参数设置。

由于单反相机的主要功能是拍摄静态图像，如果要拍摄短视频（动态图像），需要进行一些参数的设置，如表 3-1 所示。

表 3-1 单反相机拍摄短视频的常用参数

常用参数	参 数 设 置
快门速度	使用单反相机拍摄短视频时，快门速度越慢，拍摄的画面运动模糊越明显，反之，则画面越清晰、锐利。但单反相机拍摄短视频时的快门速度是相对固定的，一般设置为视频帧率的两倍。例如，短视频帧率为 25 帧 / 秒，那么快门速度就需要设置为 50（1/50 秒），这样拍摄的短视频画面才符合人眼所看到的运动效果
光耀	光圈主要是控制视频画面的亮度和背景虚化。光圈越大，则画面越亮、背景虚化越强；反之，光圈越小，则画面越暗、背景虚化越弱。单反相机中的光圈通常用大 f 值和小 f 值表示，数值越大，实际光圈越小
感光度	感光度是控制拍摄的短视频画面亮度的一个数值变量，在光线充足的情况下感光度设置得越低越好。但在较暗环境下，建议补光拍摄，如果单纯将感光度调至最大会产生噪点，影响短视频画面的质量
对焦	建议读者最好使用手动对焦，因为自动对焦可能出现错误，无法清晰地拍摄短视频的主体。但如果是新手，则可以打开单反相机的智能自动对焦功能
色温	色温可以控制和调节短视频画面中的色调冷暖，色温值越高，画面颜色越偏黄；反之，值越低，画面越偏蓝，一般情况下色温值设置为 5000K（日光的色温左右即可）

3. 摄像机

摄像机是最专业的视频拍摄设备，如图 3-4 所示。一般而言，短视频的时长都较短，制作周期也短，且制作成本低，不适合使用专业且操作复杂、成本高的摄像机进行拍摄。

通常只有一些企业制作宣传推广类的短视频时才会使用摄像机。摄像机的类型较多，但拍摄短视频时用到的摄像机主要有业务级摄像机和家用数码摄像机两种。

（1）业务级摄像机。业务级摄像机多用于新闻采访、活动记录等，通常使用数码存储卡存储视频画面，电池电量通常支持连续拍摄两小时以上，配备光圈、快门、色温、光学变焦和手动对焦等所有普通视频拍摄常用的硬件和快捷功能，且使用非常方便。同时，业务级

图 3-4 摄像机

摄像机还具有舒服的横式手持握柄和腕带，提高了手持稳定性，可以说是一台集成度很高的专业视频拍摄设备。

相对于其他短视频拍摄设备，业务级摄像机的劣势在于以下几点：①价格昂贵。普通的业务级摄像机的价格就已经超过了单反相机，高端产品价格就更高。②体积较大。业务级摄像机的体积较大，日常携带不是很方便。③画面单一，无法实行创意。在拍摄过程中，业务级摄影机在画面的处理上也较为死板，如果要实现创意拍摄，还需要进行后期剪辑和调整。

（2）家用数码摄像机。家用数码摄像机是一种适合家庭使用的摄像机，这类摄像机体积小、重量轻，便于携带，操作简单，价格相对便宜，一般在数千元至数万元。智能手机普及后，家用数码摄像机的发展受到了很大的影响，普通人群拍摄视频通常都使用手机，因此家用数码摄像机处于被淘汰的边缘。但家用数码摄像机的存在也有一定合理性，与手机、单反相机和业务级摄像机相比，其具有以下 5 个特点。

特点 1：变焦能力出色。家用数码摄像机具备业务级摄像机的大范围变焦能力，可以实现大部分手机无法实现的光学变焦效果。

特点 2：智能化操作。家用数码摄像机的自动化程度很高，没有业务级摄像机那么多的手动操控按键，新手都能轻松拍摄，易用性堪比手机。

特点 3：小巧便携。家用数码摄像机体积小巧，方便随身携带。

特点 4：续航时间长。家用数码摄像机可以在极短时间内更换电池和存储卡，理论上可以无限拍摄，在这方面比手机有优势。

特点 5：持握方便。家用数码摄像机都有较好的持握设计，比手机更有利于拍摄短视频，但因其比业务级摄像机重量轻，所以画面稳定性相对差一些。

4. 传声器

短视频是图像和声音的组合，所以在拍摄短视频时还要用到一种非常重要的设备，就是收声设备，这也是最容易被忽略的短视频拍摄设备。拍摄短视频常用的收声设备是传声器（俗称"麦克风"），通常手机、单反相机和摄像机等拍摄设备都内置有传声器，但这些内置传声器的功能通常无法满足拍摄短视频的需求，因此需要增加外置传声器。拍摄短视频时使用的传声器通常分为无线传声器和指向性传声器两种类型，下面分别进行介绍。

（1）无线传声器。无线传声器适合现场采访、在线授课、视频直播等场合，其主要由发射器和接收器两个设备组成，图 3-5 所示为一个领夹式无线传声器。

（2）指向性传声器。指向性传声器也就是一般常见的机顶传声器，其直接连接到拍摄设备，用于收集和录制声音，如图 3-6 所示，更适合一些现场收声的拍摄环境，如微电影录制、多人采访等。

指向性传声器又可以分为心形、超心形、8 字形、枪形等不同指向性类型。在短视频的日常拍摄中，通常选择心形或者超心形指向性传声器作为收声设备，这两种类型的传声器更适合短视频的拍摄。枪形指向性传声器多用于视频采访或电影录制等拍摄工作。

图 3-5　领夹式无线传声器

图 3-6　指向性传声器

5. 稳定设备

在进行短视频拍摄时，抖动的画面容易使用户产生烦躁和疲劳的感觉，因此为保证画面的质量，对拍摄设备的稳定性要求非常高。由于拍摄设备的防抖功能有一定的局限性，因此手持拍摄时必须借助稳定设备来保持拍摄画面的稳定。短视频拍摄中常用的稳定设备包括脚架和稳定器两种，下面分别进行介绍。

（1）脚架。脚架是一种用来稳定拍摄设备的支撑架，常用于达到某些拍摄效果或保证拍摄的稳定性。常见的脚架主要有独脚架和三脚架（图 3-7）两种。

拍摄短视频时，在大部分拍摄场景中两种脚架可以通用。但独脚架具有相当程度的便携性和灵活性，有些独脚架还具有登山杖的功能，非常适合拍摄野生动物、野外风暴等对携带性要求很高的场景，也适合拍摄体育比赛、音乐会、新闻报道现场等场地空间有限且没有架设三脚架位置的场景。在拍摄既需要一定稳定性，又对灵活性要求较高的场景时，以及拍摄夜景或者带涌动轨迹的视频画面时，则适合使用稳定性更强的三脚架。

（2）稳定器。短视频被大众接受和喜爱之后，稳定器也从专业的摄录设备向平民化转变，特别是电子稳定器，几乎已经在短视频拍摄中普及，如图 3-8 所示。在很多短视频的移动镜头场景中，如前后移动、上下移动和旋转拍摄等，都需要通过稳定器来保证镜头画面的稳定，以锁定短视频中的主角。短视频拍摄中常见的稳定器主要有手机稳定

图 3-7　三脚架

图 3-8　稳定器

器和单反稳定器两种。

稳定器的承载能力是选择稳定器的重要考虑因素。相对来说，手机稳定器的承载能力不如单反稳定器，但对很多短视频团队来说，手机稳定器也是不错的选择，因为其本身所支持的各种拍摄功能和按钮已经较为齐全，而且更简单、实用。

6. 无人机

无人机摄影目前已经是一种比较成熟的拍摄手法，在很多影视剧中涉及航拍、全景、俯瞰视角的镜头时，往往会使用无人机作为拍摄设备，无人机现在也被广泛应用于短视频拍摄。无人机拍摄视频具有高清晰度、大比例尺、小面积等优点，且无人机的起飞降落受场地限制较小，在操场、公路或其他较开阔的地面均可起降，其稳定性、安全性较好，实现转场非常容易。但无人机拍摄也有其劣势，主要是成本太高且存在一定的安全隐患。

无人机由机体和遥控器两部分组成。机体中带有摄像头或高性能摄像机，可以完成视频拍摄任务，如图 3-9 所示；遥控器则主要负责控制机体飞行和摄像，并可以连接手机，实时监控并保存拍摄的视频。

图 3-9　无人机

3.1.2　环境布置

拍摄短视频前，需要布置符合主题且良好的拍摄环境，以保证拍摄顺利完成。

1. 找准场地

根据不同的拍摄需求，除考虑所选拍摄场地的实际情况是否适合拍摄外，还需要考虑拍摄场地是否与短视频的主题风格一致。挑选的拍摄场地既要和拍摄需求相符合，也要具备合适的光线条件及一些有特点的场景，这样可以有效避免在拍摄过程中造成资源浪费。

拍摄短视频时不仅要选择好拍摄场地，更重要的是对拍摄场地的现场布置。现场布置是拍摄短视频和应对突发情况的前提条件，能确保拍摄工作正常进行。现场氛围与拍摄主题统一，可以帮助没有太多拍摄经验的新人演员快速入戏，取得良好的拍摄效果，从而提高拍摄效率、节省成本。

拍摄短视频时，选景一定要足够慎重，避免因场景选择不当而影响短视频的质量，或者因突发情况而导致拍摄中止，造成不可估量的损失。

2. 灯光布置

确定好拍摄场地之后，需要布置现场灯光。相对于影视剧拍摄的灯光布置来说，大部分短视频的拍摄对灯光的要求不太高。常见的短视频布光如图 3-10 所示。

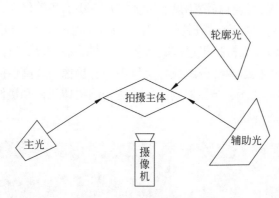

图 3-10　常见的短视频布光

3. 设计陪体

优质的短视频中不仅要有主体，还要有可以突出主体的陪体。陪体不仅能够恰到好处地衬托主体，还能使画面更加丰富，使短视频更有层次感。在选择陪体时，切忌"喧宾夺主"，陪体在画面中的比例不能大于主体，并且要合理配置主体与陪体的色彩搭配及位置关系。

4. 避免噪声干扰

如果环境过于嘈杂，很容易出现画外音，以致加重后期剪辑负担，因此，在拍摄时应该注意尽量避免不必要的声音干扰。有时拍摄人员的呼吸声音过大，也会被录进视频中，影响视频素材质量，因此拍摄人员需要尽量稳定自己的情绪。

3.1.3　演员和道具准备

1. 演员

演员根据文字脚本进行表演（包括唱歌、跳舞等），并根据剧情演绎。短视频拍摄所选择的演员大多都是非专业的，在这种情况下，一定要根据短视频的主题慎重进行选择。演员和角色的定位必须要一致，对优质的短视频而言，演员贴合角色最重要，不同类型的短视频对演员的要求也不同。

如何才能选到一个合适的演员呢？首先要对短视频脚本中的人物形象加以理解。比如，人物的设定需要会拉手风琴，在挑选演员的时候应该选择一个具备此项技能的人。演员的选择是否合适对短视频最后的效果有至关重要的影响。如果资金不足，在某些情况下，团队中的其他成员也可以扮演短视频中的角色。

2. 道具

道具指拍摄短视频时所用的器物，如乐器、手机、杯、壶、服装、文具、护肤品、香水、桌、椅、书画、古玩等。有趣的短视频需要丰富的道具元素和场景元素，一些不起眼的普通物品也可在短视频平台上被脑洞大开的网友发掘出神奇的功能，使用这些道具可以更好地展现自己的创意，吸引用户的眼球。

（1）才艺展示类道具。短视频以展示自我为内容主流，包括众多音乐舞蹈视频和技术流视频，而这类视频可以借助很多日常生活中的物品作为道具。下面是用户在才艺展示时常用的道具。

第一，有音调的计算器。除了吉他、古筝等常见的乐器之外，网友们把弹奏的任务交给了计算器，而它唯一的特点是每个按键都能发出不同的音调，只要弄清楚每个数字代表的音调，就能根据乐谱弹奏出相应的歌曲。音乐是抖音平台非常重要的传播元素，创新背景音乐和发声工具的玩法能吸引更多用户参与互动。

第二，技术流玩家常用的手持灯和妖狐面具。技术流玩家要在视频中表现更丰富的内容，就需要更多道具的辅助，手持灯和面具能在有技巧的视频剪辑中营造神秘的氛围，所以深受技术流玩家喜爱。酷炫、个性的物品更容易成为技术流玩家手中的视频道具，他们如果喜欢这个道具，这个道具将会出现在众多模仿视频里。

第三，跑步机。健身房是展示自信的地方，热衷健身的网友在跑步机上发明了一种舞蹈，在跑步机上悠然地跳舞更能展示他们的风采。

以此类推，道具的作用是帮助网友用更加创新和潮酷的方式展示自己，只要能让视频看起来更酷，让视频中的自己看起来更美，生活中的很多物品都可以用。

（2）整蛊类道具。整蛊已成为短视频的一大派别，从自家宠物、身边的朋友到路上的陌生人都可以是整蛊的对象。整蛊道具中有些是特制的物品，有些只是不起眼的生活用品。

第一，打翻的奶茶模拟道具。这个是特制的整蛊道具，模拟星巴克咖啡打翻的样子，放在计算机上吓唬朋友。

第二，透明胶带。把透明胶带横贴在门框之间，拍下宠物如何巧妙跨越障碍。

（3）搞笑趣味类道具。为让视频更有趣味性，传播性更强，借用道具会取得事半功倍的效果。

第一，萌元素的代表道具是人偶服和家里的宠物。穿人偶服装派传单火起来后，熊本熊和布朗熊就成为抖音道具撒手锏，每次使用都会获得可观的点赞量。与此同时，让家里的宠物跳舞和做托下巴姿势等视频也很容易获得高关注度。

第二，无人机航拍让视频更具优势，部分有条件的抖音用户会借助无人机来获取更壮观的视角，甚至没有无人机的用户也会用各种方式模拟无人机的拍摄效果。

第三，游戏头盔和背包。随着《绝地求生：刺激战场》游戏的走红，出现了大量模仿游戏视角的视频，以头盔和背包为主要模仿道具。

第四，汽车。以汽车为道具延伸的视频内容有"一字马"关门、后备厢装人和花式炫富等。

（4）情侣互动类道具。女生喜欢的化妆品也成了人们借用的道具之一。男生们在镜头前用口红"要挟"女生，形成搞笑趣味的同时又戳中了女生痛点。同样，对于男生来说，游戏机的重要程度也不亚于女生的口红。于是，在女生手中，男生的游戏机也成了一种道具。

由于情侣之间亲密度更高，互相开玩笑的程度也更高，用两人的生活用品开玩笑能让视频更具趣味性和传播力。

3.2 短视频构图原则与方法

3.2.1 构图基础知识

构图是摄影中常用的基本技巧，是决定作品视觉效果好坏的关键。好的构图能够把人和景物的优点凸显出来。对于短视频拍摄者来说，掌握好构图的基本规律，并能在拍摄过程中合理运用这些规律是非常必要的。

"构图"来源于拉丁文"composition"，为造型艺术的术语，它的含义是把各部分结合、配置并加以整理，形成一个艺术性较强的画面。在《辞海》中，构图指艺术家为了表现其作品的主题思想和美感效果，在一定的空间，安排和处理人、物的关系和位置，把个别或局部的形象组成艺术的整体。构图在中国传统绘画中称为"章法"或"布局"。

构图就是通过对画面中主体、陪体、环境做出恰当的、合理的、舒适的安排，并运用艺术的技巧、技术手段强化或削弱画面中的某些部分，最终使主体形象突出，使主题思想得到充分、完美的表现。简单地说，构图就是在拍摄时，决定怎样在取景器内放入被摄对象的过程。在构图时，要考虑画面给人的视觉感受，主体、陪体与环境之间的关系处理，把控短视频中的色彩、光线层次，利用影调、气氛等因素，让短视频更有视觉感染力。

短视频的拍摄离不开构图，一个构图好的作品与一个构图差的作品给人带来完全不同的感受。对初学短视频创作的人来说，构图尤为重要。短视频拍摄者只有经过精心构图，才能将作品的主体加以强调、突出，舍弃一些杂乱的、无关紧要的景和物，并恰当地选择陪体和环境，从而使作品更完美。

好的构图可以帮助作品成为佳作，让短视频拍摄者即使是在最简单的环境里，或者在主体是最单调的物体的情况下，也能创作出精彩的作品。构图糟糕的短视频通常在后期处理中也难以修复，因为构图不像调整常见的曝光值或白平衡那么简单。

有些人虽然掌握了一些构图方法，但拍出来的作品效果还是不理想。其实，这并不是因为他们掌握的那些构图方法不实用，而是因为这些构图方法都是有基本原则的。在短视频拍摄构图过程中，我们需要掌握一定的基本原则，才能拍摄出优秀的短视频。

（1）美学原则。短视频构图要遵循美学原则，要使画面具备形式上的美感。构图时应发挥绘画自有的艺术表现力，即运用对比、排比、节奏、韵律等美感形式来增强作品的审美效果。色彩对比不仅能增强画面的艺术感染力，更能鲜明地反映和升华主题。

（2）突出重点。无论采用哪种构图，都需要突出重点，因为我们拍摄短视频是为了表达一定情感或呈现场景，这些情感或场景都需要被突出。无论采用对称式构图还是汇聚线构图，视觉的落脚点一定要在我们想突出的重点元素上。

（3）主题明确。短视频必须有一个明确的主题。简单地说，短视频的主题就是短视频的主要内容。短视频构图必须为短视频的主题服务。

突出短视频的主体，淡化短视频的陪体。当主体变得突出之后，短视频的主题也会变得更加明确。为突出表现短视频的主体，有时甚至可以破坏画面构图的美感，使用不规则的构图。若某个构图优美的画面与整个短视频的主题风格不符，甚至妨碍了主题思想的表达，就可以考虑将其裁剪掉。

（4）均衡原则。对好的短视频来说，视觉和美学上的均衡也是非常重要的。掌握均衡就是合理安排各形象的形状、颜色和明暗区域，使其互相补充，使画面看上去很平衡。需要注意的是，不要以为均衡就是对称，可以进行适当的调整。

（5）简化背景。背景只是背景，让背景喧宾夺主的短视频势必是失败的作品，所以，背景要尽量简洁，起到烘托和陪衬主体的作用。如果场景受限、背景难以简化，可以考虑用大光圈虚化背景或是改变焦距，也可以转换拍摄角度，从而改变取景范围。

（6）清理边缘。我们在构图前需要先取景，也就是想好让什么样的画面出现在取景器中，然后才思考怎样构图可以让画面更和谐。清理边缘就是清理画面边缘中琐碎的东西，避免分散注意力或给观者以杂乱、不适的视觉感受。

（7）变化原则。前面讲的构图原则主要是针对短视频中的一幅画面而言，而对由许多画面组成的整个短视频的构图，则需要遵循变化原则，即根据不同的画面选择相应的构图。

3.2.2　常见构图方法

短视频拍摄和摄影，一个是动态画面，另一个是静止画面，这二者没有本质上的不同。因为在短视频拍摄过程中，无论是移动镜头，还是静止镜头，拍摄的画面仅仅是静止画面的延伸而已。因此，摄影中的一些构图方法在拍摄短视频时同样适用。

1. 中心构图法

中心构图法是将画面中的主要拍摄对象放到画面中间。一般来说，画面中间是人们的视觉焦点，看到画面时最先看到的是画面的中心点位置。这种构图方法的优势在于被摄主体突出、明确，而且画面容易获得左右平衡的效果。图 3-11 所示是采用中心构图法拍摄的画面。

2. 九宫格构图法

九宫格构图法是利用画面中的上、下、左、右四条分割线对画面进行分割。四条线为画面的黄金分割线，它们的交点则为画面的黄金分割点。一般在全景拍摄时，黄金分割点是被摄主体所在的位置。在拍摄人物时，黄金分割点往往是人物眼睛所在的位置。

采用九宫格构图法能够使画面呈现出变化与动感，且富有活力。当然，这四个黄金分割点也有不同的视觉感应，上方两点的动感比下方两点的动感强，左侧两点的动感比右侧两点的动感强，重点要注意视觉平衡问题。图 3-12 所示是采用九宫格构图法拍摄的画面。

图 3-11　采用中心构图法拍摄的画面　　　　图 3-12　采用九宫格构图法拍摄的画面

3. 对称构图法

对称构图法是按照对称轴或对称中心使画面中的景物形成轴对称或中心对称，给观众以稳定、安逸、平衡的感觉。这种构图方法适合在拍摄建筑物等内容时使用，但不适合表现快节奏的内容。对称构图法并不讲究完全对称，只要做到形式上的对称即可。要让一张对称式构图显得不那么单调，还需要考虑画面的稳定性。图 3-13 所示是采用对称构图法拍摄的画面。

图 3-13　采用对称构图法拍摄的画面

4. 水平线构图法

水平线构图法是比较基础的一种构图方法，平时运用得较多。用水平线构图能够给人一种延伸的感觉，一般情况下采用横幅画面，比较适合场面开阔的风光拍摄，让观众产生辽阔深远的视觉感受。

在采用水平线构图法进行构图时，居中水平线可以给人和谐、稳定的感觉，下移水平线主要强调天空的风景，上移水平线主要强调眼前的景物，多重水平线则会产生一种反复强调的效果。图 3-14 所示是采用水平线构图法拍摄的画面。

5. 垂直线构图法

垂直线构图法以垂直线形式进行构图，主要强调被摄主体的高度和纵向气势，多用于表现深度和形式感，给人一种平衡、稳定、雄伟的感觉。在采用这种构图方法时，拍摄者要注意让画面的结构布局疏密有度，使画面更有新意且富有节奏。图 3-15 所示是采用垂直线构图法拍摄的画面。

图 3-14　采用水平线构图法拍摄的画面　　　图 3-15　采用垂直线构图法拍摄的画面

6. 三角形构图法

三角形构图法是以三个视觉中心为景物的主要位置，有时是以三点成面几何构成来安排景物，形成一个稳定的三角形，具有安定、均衡但不失灵活的特点。

三角形构图分为正三角形构图、倒三角形构图、不规则三角形构图及多个三角形构图。其中，正三角形构图能够营造出画面整体的安定感，给人以力量强大、无法撼动的印象；倒三角形构图则给人一种开放性及不稳定性所产生的紧张感；不规则三角形构图会给人一种灵活性和跃动感；而多个三角形构图能表现出热闹的动感，其在溪谷、瀑布、山峦等拍摄中较为常见。三角形构图法还可以用于不同景别的画面拍摄。也就是说，它不仅能用于远景与中景，还能用于近景人物、特写等画面的拍摄。图 3-16 所示是采用三角形构图法拍摄的画面。

7. C 形构图法

C 形构图具有曲线美的特点，能产生变异的视觉焦点，画面简洁明了。C 形曲线是一种极具动感的线条，用 C 形曲线来构图，使画面饱满而富有弹性。一般而言，主体安排在 C 形的缺口处，使人的视觉随着弧线推移到主体上。C 形构图在拍摄工业、建筑类题材的短视频时使用较多。图 3-17 所示是采用 C 形构图法拍摄的画面。

8. 圆形构图法

圆形构图通常指画面中的主体呈圆形。圆形构图在视觉上给人以旋转、运动和收缩的美感，如果画面中出现一个能集中视线的趣味点，那么整个画面将以这个点为中

图 3-16 采用三角形构图法拍摄的画面　　　　图 3-17 采用 C 形构图法拍摄的画面

心产生强烈的向心力。圆形构图给人以团结一致的感觉，这种构图方法活力不足，缺乏视觉冲击力和生机。除拍摄圆形物体时可以圆形构图表示其形状外，拍摄许多场景都可以用圆形构图表示其团结一致，这些场景既包括形式上的也包括意愿上的。如拍摄学生聚精会神地围着教师听课、小朋友们围着圆圈做游戏等场景时，均可以选用圆形构图。

从功能上来讲，圆形构图规定了构成画面的视觉对象与范围，它也将主体从所处的环境中分离出来，成为一个突出的视觉中心。图 3-18 所示是采用圆形构图法拍摄的画面。

9. V 形构图法

V 形构图是最富有变化的一种构图方法，其主要变化是在方向上的安排，倒放、横放、正放，无管如何摆放，交合点必须是向心的。V 形构图一般用在前景中，为框架式前景突出主体。V 形构图最大的作用就是突出主体，或者说直接将读者的视线引导至主体上。V 形构图单用、双用皆可，单用时画面容易产生不稳定的因素，双用时画面不但具有了向心力，且很容易产生稳定感。图 3-19 所示是采用 V 形构图法拍摄的画面。

图 3-18 采用圆形构图法拍摄的画面　　　　图 3-19 采用 V 形构图法拍摄的画面

3.3 短视频拍摄技巧

完整的短视频作品一般由多个镜头画面组合而成，为保持镜头画面的连贯性并利用镜头画面正确地传递短视频主旨，拍摄人员需要了解景别、景深、镜头角度、拍摄方向、运动镜头、对焦、光位的设计和拍摄帧率等方面的拍摄技巧。

3.3.1 景别与景深

1. 景别

景别是指摄像机与被摄主体的距离不同，造成的被摄主体在画面中所呈现出的范围大小的区别。认识景别有助于营造画面的空间感。

景别一般分为 5 种，由远及近分别为远景、全景、中景、近景、特写。通过复杂多变的场面调度和镜头调度，交替使用不同景别，可以使短视频的剧情、人物情绪、人物关系等更加具有表现力，从而增强短视频的感染力。

1）远景：视野宽阔，以景抒情

远景可以呈现广阔深远的景象，展示人物活动的空间背景或环境氛围，如图 3-20 所示。例如，硝烟弥漫的战场、气势恢宏的山河等远景，多用广角镜头拍摄。按表现功能划分，远景又可以分为大远景和一般远景。

图 3-20 远景

（1）大远景。大远景一般用于呈现广阔的画面，如从高空俯瞰城市、仰望无边的星空、眺望远方的树林等。在大远景中，画面的空间容量较大，环境景物是画面主体，人物仅是其中的点缀。总体来说，这类画面多以景为主，以景抒情表意。大远景多采用静止画面，或缓慢摇摄完成，即使是画面主体有剧烈运动，也不会影响整体的画面效果。

（2）一般远景。一般远景强调环境与人物之间的关联性和共存性。与大远景相比，一般远景的被摄主体在画面中的占比有所增大，虽然整个画面仍以远处背景为主，但因为被摄主体的视觉感需要增强，所以可以根据表达目的来确定画面中被摄主体的大小。一般远景在影视剧中运用较多，日常的短视频拍摄通常不会用到如此大的景别，但是一些专业性较强的短视频作品会运用远景，如一条、一更等短视频平台上的系列短视频作品。

2）全景：看清全貌，突出人物关系

全景是指拍摄人物全身形象或场景全貌的画面，多用短焦距镜头拍摄，如图 3-21 所示。在使用这种景别拍摄的画面中，观众能够看到人物的全貌，捕捉人物的一举一动，能利用背景营造氛围，但在表现面部细节上稍有欠缺，常用于表现人物之间、人物与环境之间的关系。全景与远景相似，但与远景相比视距更小，被摄主体在画面中呈现得更加完整，能够更加清晰、直观地展现被摄主体和物之间的关联。全景多用于有剧情设计的短视频的拍摄。

3）中景：表现力强，常用于叙事剧情

中景俗称"七分像"，指拍摄人物膝盖以上的部分或局部环境的画面，多用标准镜头等中焦段镜头拍摄，如图 3-22 所示。这种景别能展现人物一定的活动空间，既能展现人物的面部表情等细节，还能展现人物的形体动作，在表演性场面中经常使用中景，可以将环境、氛围和人物很好地结合在一起，常用于叙事剧情，在拍摄剧情类短视频时可运用中景。

图 3-21　全景　　　　　　　　　　　　　　　　图 3-22　中景

4）近景：看清神态，传递情绪

近景是指拍摄人物上半身或景物的局部画面，如图 3-23 所示。近景的视距近能看清被摄主体的细节变化，因而运用近景拍摄人物，可以清晰地表现人物的面部特征、神态、喜怒哀乐等，尤其是眼神的变化，能在一定程度上表现人物的内心世界，有力地刻画人物的性格。在近景中，由于被摄主体占画面的面积较大，比较适合进行快速表达，在对场景要求不高的短视频中使用较多。

5）特写：专注细节，洞察心理

特写是指拍摄人物面部或者放大物体的某个局部画面，是视距最近的景别，如图 3-24

所示。特写能够充分展现被摄主体的细节特征，具有强调和呈现人物心理变化的作用。一些特写还具有象征意义，可从视觉效果上体现出被摄主体的重要性。特写一般运用在故事情节的拍摄上，通过对人物面部细节的拍摄，展示人物的神情变化，揭示人物的心理状态。一般来说，特写镜头会与其他景别的镜头结合运用，通过镜头的远近、光线强弱等营造一种特殊的画面效果。

图 3-23 近景   图 3-24 特写

2. 景深

景深是指被摄主体影像纵深的清晰范围，即以焦点为标准，焦点前的景物清晰距离加上焦点后的景物清晰距离就是景深。景深能够表现被摄主体的深度（层次感），增强画面的纵深感和空间感。

景深分为深景深和浅景深：深景深的画面背景清晰；浅景深的画面背景模糊。使用浅景深，可以有效突出被摄主体。在拍摄近景和特写画面时，通常会使用浅景深，将被摄主体和背景剥离开。当画面中只有被摄主体清晰时，能有效引导观众的视线。

影响景深的因素有 4 个：光圈、焦距、被摄主体与镜头和背景的距离。结合这 4 个因素，可以实现浅景深拍摄。

（1）使用大光圈拍摄。使用大光圈拍摄是实现背景虚化的较为简单的方式。在其他条件不变的情况下，光圈越大，景深越浅，被摄主体越清晰，背景的虚化效果越好。在拍摄人像、花卉等题材时经常使用大光圈。

（2）靠近被摄主体拍摄。靠近被摄主体拍摄是实现背景虚化的较为直接的方式。在其他条件不变的情况下，镜头离被摄主体越近，景深越浅，被摄主体越清晰，背景的虚化效果越好。这种方式同样适用于拍摄花卉等题材。

（3）拉长焦距拍摄。在其他条件不变的情况下，焦距越长，景深越浅（背景越模糊）焦距越短，景深越深（背景越清晰）。因此，拉长焦距可以使背景虚化，通过调整头上的对焦环，可以改变焦距的长短。这种拍摄方式适合从远处拍摄不易靠近的被摄主体，如飞鸟和其他野生动物等。

（4）拉长被摄主体与背景的距离。拉长被摄主体与背景的距离，实际也是让被摄主体靠近镜头。使被摄主体到镜头的距离与背景到镜头的距离之间的比值变小，从而使背景处于景深范围之外，获得背景虚化的效果。

3.3.2 镜头角度与拍摄方向

1. 镜头角度

镜头角度是指摄像机镜头与被摄主体水平线之间形成的夹角，一般可分为平视镜头、仰角镜头、俯角镜头、斜角镜头、过肩镜头 5 种类型。不同的镜头角度具备不同的优势特征，呈现的拍摄效果也有所不同。在拍摄短视频的过程中，拍摄人员不必局限于某一类镜头角度，可以使用多角度镜头组合拍摄。

（1）平视镜头：体现客观性。平视镜头是指摄像机镜头与被摄主体处于同一水平线上。使用这类镜头角度拍摄的画面符合人们的观察习惯，给观众真实自然的感觉，具有平稳的效果，是一种"纪实"角度，如图 3-25 所示。使用平视镜头拍摄时，被摄主体不易变形，因而适合拍摄人物的近景及特写，常用来表现谈判的双方、正在讨论的团队、正在交谈的朋友等。

图 3-25 平视镜头

（2）仰角镜头：突出紧张感。仰角镜头是指摄像机镜头处于人眼（视平线）以下或低于被摄主体的位置。仰角镜头可以用来营造一种悲壮或崇高的效果，如图 3-26 所示。从低角度仰视被摄主体，可以让被摄主体在画面中显得更加高大、威严，让观众产生一种压抑感或崇敬感。例如，电影《金刚》《侏罗纪公园》等，通常用仰角镜头拍摄猩猩和恐龙，给观众一种紧张感。此外，仰角镜头也可用于模仿儿童的视角。

（3）俯角镜头：突出压迫感。俯角镜头是与仰角镜头相反的镜头角度，是指摄像机镜头高于被摄主体，从高处往低处拍摄，就如人在低头俯视一样，如图 3-27 所示。在俯角镜头中，离镜头近的景物看起来降低了，离镜头远的景物看起来升高了，从而能展现开阔的视野，增加空间深度。因此，俯角镜头可以用来展示场景内的景物层次、规模，表现整体气氛和宏大的气势。而在拍摄人物时，使用俯角镜头拍摄出来的画面会让人产生人物低微、陷入困境、软弱无力、压抑、低沉的感觉。

图 3-26　仰角镜头

图 3-27　俯角镜头

（4）斜角镜头：展现情绪。斜角镜头是指故意倾斜镜头的拍摄方式，被好莱坞称为"德式斜角镜头"，如图 3-28 所示。斜角镜头通常用于营造一种不确定的紧张感，是一种带有明显情绪感的镜头。在人们熟知的电影《雷神》中，导演希望将电影打造出漫画般的效果，因此采用了近半数的斜角镜头，如在展现反派的画面中使用斜角镜头，可体现其扭曲的人物形象。

（5）过肩镜头：体现冲突性。过肩镜头也称拉背镜头，是指相隔一个或数个人物的肩膀，朝另一个或数个人物拍摄的镜头，如图 3-29 所示。过肩镜头相当于近景或是特写，通常情况下，被摄主体会在画面中正对镜头。例如，在采访视频中，以记者的后侧为前景，拍摄被采访者的前侧面，并使其位于画面中间，这样会将观众的视觉重点置于被采访者身上，以突出被采访者并让画面具有深度感。过肩镜头能有效建立角色间的"权力关系"，因而一般在具有冲突感的对话中运用，以体现矛盾点。

图 3-28　斜角镜头

图 3-29　过肩镜头

2. 拍摄方向

拍摄方向：体现被摄主体与陪体、环境的关系变化。拍摄方向是以被摄主体为中心，在同一水平面上选择拍摄角度。拍摄方向主要包括正面方向、正侧面方向、斜侧面方向和背面方向。不同的拍摄方向会得到不同的画面效果，拍摄人员需要根据内容合理选择拍摄方向。

（1）正面方向。正面方向是指从正面方向拍摄被摄主体，摄像机镜头位于被摄主体的正前方，让观众看到被摄主体的正面形象，如图 3-30 所示。当被摄主体是人物时，采用正面方向拍摄有利于表现人物的正面特征，适合表现人物完整的面部特征和表情动作，让观众产生亲切感。当被摄主体是景或物时，采用正面方向拍摄有利于表现景或物的横线条，营造出稳定、严肃的气氛。

（2）正侧面方向。正侧面方向是指在拍摄被摄主体时，摄像机镜头与被摄主体的正面成 90°，如图 3-31 所示。这样拍的画面有利于表现被摄主体的运动方向、运动姿态及轮廓线条，突出被摄主体的强烈动感和特征。当被摄主体是人物时，还可以表现人物之间的交流、冲突或对抗，强调人物的神情。

图 3-30　正面方向

图 3-31　正侧面方向

（3）斜侧面方向。斜侧面方向是指从斜侧面拍摄被摄主体，摄像机镜头介于被摄主体的正面和正侧面之间，或正侧面与背面之间，如图 3-32 所示。从这个方向拍摄，既能拍摄到被摄主体的正面，也能拍摄到被摄主体的侧面，是较常用的拍摄方向之一。

图 3-32　斜侧面方向

从被摄主体斜侧面方向拍摄，有利于表现被摄主体的立体感与空间感，使被摄主体产生明显的形体变化，并突出表现被摄主体的主要特征。在多人场景中，从被摄主体斜侧面方向拍摄还有利于表现被摄主体、陪体的主次关系，突出被摄主体。

（4）背面方向。背面方向是指从背面方向拍摄被摄主体，摄像机镜头位于被摄主体的背后，使观看短视频的观众产生与被摄主体视线相同的视觉效果，如图 3-33 所示，有时也可以用来改变被摄主体、陪体的位置关系。

图 3-33 背面方向

背面方向拍摄可以使观众产生参与感，使被摄主体的视线前后成为画面的重心。很多展示现场画面的镜头会采用背面方向拍摄，给观众强烈的现场感。由于观看视频的观众不能直接看到被摄主体的正面形象（神态、动作等），所以背面方向拍摄能够给观众营造想象的空间，引发好奇心。此外，背面方向拍摄还可以含蓄地表达人物的内心活动。

3.3.3 运动镜头与对焦

1. 运动镜头

运动镜头是指在一个镜头中通过移动摄像机机位、改变镜头光轴或镜头焦距，在不中断拍摄的情况下形成视角、场景空间、画面构图、表现对象的变化。在视频类作品中，处于静止状态的画面镜头是很少见的，更多的是运动镜头。运动镜头可以增强短视频画面的动感，扩大镜头的视野范围，改变短视频的节奏，赋予短视频画面独特的寓意。常见的运镜方法有推镜头、拉镜头、摇镜头、移镜头、跟镜头、甩镜头、环绕镜头、升降镜头。

（1）推镜头：走进内心。推镜头是指镜头与被摄主体逐渐靠近，画面中的被摄主体逐渐放大，画面的视野逐渐缩小，使观众的视线从整体转移到某一局部画面。推镜头主要用于展现被摄主体匀速运动的状态，是一种主观镜头，能够渲染情绪，烘托氛围，让观众感受到人物的内心世界。

（2）拉镜头：扩大视野。拉镜头是指镜头逐渐远离被摄主体，向后拉远，视野范围逐渐扩大，让观众看到局部与整体之间的联系。拉镜头往往用于把被摄主体重新纳入一定的环境，提醒观众注意被摄主体所处的环境及被摄主体与环境之间的关系等。拉镜头也可以用于衔接两个镜头。将推、拉镜头结合就可以实现希区柯克变焦。

（3）摇镜头：展现情绪。摇镜头是指摄像机本身不动，拍摄人员以自身（或三脚架）为支点，变动摄像机的光学镜头轴线进行上、下、左、右旋转拍摄，犹如人的目光顺着一定的方向巡视被摄主体。摇镜头通常用于介绍环境，表现被摄主体的运动轨迹，表现人物的主观视线和内心活动。例如，唱跳歌手在表演时，拍摄人员可以摇镜头，以展现唱跳歌手丰富的肢体动作，并传递现场观众的热情与激动。

（4）移镜头：画面流动。移镜头是指摄像机在水平方向按照一定的运动轨迹进行移动拍摄，拍摄出来的画面效果类似于人们在生活中边走边看的状态。移镜头能使画面中的背景不断变化，呈现出一种流动感，让观众有置身其中的感觉。移镜头具有完整、流畅、富于变化的特点，能够开拓视频画面的空间，用于表现大场面、具有纵深感、多景物、多层次的复杂场景，可以表现各种运动条件下被摄主体的视觉艺术效果。

（5）跟镜头：突出主体。跟镜头是指摄像机跟随被摄主体移动并进行拍摄的一种摄像方法。这种摄像方法是通过摄像机的运动来记录被摄主体的姿态、动作等，同时不会干扰被摄主体。它与移镜头最大的差别在于，在跟镜头中，镜头大多与被摄主体保持固定的距离。

跟镜头经常被用于拍摄人物，含蓄地表现运动中的人物。在跟镜头中，人物在画面中的位置相对固定，景别也保持不变。这就要求镜头的移动速度与人物的运动速度基本一致，从而保证人物在画面中的位置相对固定，既不会使人物移出画面，也不会出现景别的变化。跟镜头是在运动中完成的，难度比较大，稳定是使用跟镜头进行拍摄的关键。

（6）甩镜头：营造紧迫感。甩镜头即扫摇镜头，是指一个画面结束后不停机，镜头通过上下或左右快速移动或旋转，实现从一个被摄主体转向另一个被摄主体的切换。在这个切换的过程中，镜头拍摄的内容会变得模糊不清。这是符合人们视觉习惯的，类似于人们在观察一个事物时突然将头转向另一个事物。甩镜头可以用于表现内容的突然过渡，也可以表现事物、时间、空间的急剧变化，营造人物内心的紧迫感。

（7）环绕镜头：营造立体感。环绕镜头是指用摄像机围绕被摄主体进行180°或360°的环绕拍摄，使画面呈现出三维空间效果。环绕镜头是一种难度较大的环拍方式，在使用环绕镜头进行拍摄时，不但需要保证摄像机与被摄主体基本保持等距，还需要在移动摄像机时尽量保持顺畅。而借助无人机，环绕镜头就比较容易实现。无人机可以实现水平环绕、俯拍环绕、近距离环绕和远距离环绕4种形式的航拍环绕镜头。其中，水平环绕即以被摄主体为中心进行环绕拍摄，可以引导观众的视线聚焦于被摄主体；俯拍环绕可以使被摄主体所处的空间得到充分展示；而近距离环绕多用于展示打斗场景的运动感和紧张感，也可以用来表现人物关系及情绪，远距离环绕可以全方位地展示人物处于孤立无援的处境。

（8）升降镜头：多角度、多方位构图。升降镜头是指摄像机借助升降装置，在升降的过程中进行拍摄。其中，升镜头是指镜头向上移动形成俯视拍摄，以显示广阔的画面空间，降镜头是指镜头向下移动形成仰视拍摄，多用于拍摄大场面，以营造气势。总而言之，升降镜头能使镜头画面范围得到扩展和收缩，达到多角度、多方位拍摄的效果。

在实际的短视频拍摄过程中，可以灵活运用以上8种常用的运镜方式，并将其巧妙结合。在一个镜头中同时使用推、拉、摇、移、跟等运镜方式，能够获得丰富多变的画面效果。

2. 对焦

对焦也叫对光、聚焦，是改变镜头和传感器之间的距离，使被摄主体成像更清晰的过程。对焦分为两种方式：自动对焦（auto focus，AF）和手动对焦（manual focus，MF）。

1）自动对焦与手动对焦的区别

自动对焦是指相机发射一束红外线（或其他射线）根据被摄主体对红外线（或其他射线）的反射确定被摄主体的距离，然后根据测得的结果调整镜头组合，实现自动对焦。自动对焦的优势是直接、快速，但也有可能出现无法找准被摄主体，或者因光线不足而造成对焦失败等情况。因此，掌握手动对焦的方法十分重要。

手动对焦是指拍摄人员通过手工转动对焦环调节相机镜头的对焦点，从而使被摄主体成像更清晰的对焦方式。在微型摄像、特殊效果拍摄、拍摄光线不足、被摄主体与周围环境类似的情况下，采用手动对焦功能特别有效。

2）如何进行手动对焦

使用智能手机拍摄时，对焦十分简单，拍摄人员只需点击屏幕中需要对焦的点即可迅速对焦。微单相机与单反相机的手动对焦方式区别不大，因此本小节以微单相机为例，介绍如何进行手动对焦。

第一步，将镜头设置为手动对焦，将镜头对焦模式开关设为 F。

第二步，转动对焦环，改变被摄主体在镜头中的大小。

第三步，观察取景器或 LCD 屏幕中的画面。当焦点聚焦于被摄主体，且被摄主体成像非常清晰时，停止转动对焦环并开始拍摄。

对焦又可以分为单点对焦和多点对焦。

（1）单点对焦。单点对焦是指将焦点对准被摄主体的某一部位，使这个部位在画面中呈现出高度的清晰。单点对焦适用于拍摄相对静止的人像、物品、风光等。

（2）多点对焦。多点对焦是指可以选择两个或两个以上的对焦点，将所选定的对焦点直接对准被摄主体的某部分区域，以保证该区域的相对清晰。多点对焦多用于拍摄移动的主体，如快速移动的运动员、高空飞翔的鸟、高速运动的赛车等。最终的焦点可能是其焦点覆盖范围中的任何一点。

单点对焦和多点对焦是常用的手动对焦方式，拍摄短视频时利用这两种对焦方式基本能够满足拍摄需要。

3.3.4　光位的设计

每一种艺术形式都有其独特的表现手法。拍摄短视频时，拍摄人员还可以巧妙选择光位，利用光与影呈现完美的画面效果。

1. 顺光拍摄

顺光也称正面光或前光，顺光拍摄时，画面中前后物体的亮度几乎一样，没有明显的亮暗反差，被摄主体朝向镜头的一面受到均匀的光照，画面中的阴影很少甚至几乎没有阴影。顺光拍摄能够真实再现被摄主体的色彩，因而常用于展现被摄主体的细节和色彩，如精美的工艺品、五颜六色的鲜花等。顺光拍摄也可用于拍摄风景，可以充分展现地形、地貌的特征，如图 3-34 所示。

但是，顺光拍摄不利于表现被摄主体的立体感和质感，不能突出画面中的重点和交代主次，缺乏光影变化。如果将顺光设置为主光，然后再打上辅助光，拍摄出的画面会更加好看。

2. 侧光拍摄

侧光是一种表现被摄主体的立体感和质感的光位。侧光能够让被摄主体在表面形成明显的受光面、阴影和投影，表现被摄主体的立体形态和表面质感，如图 3-35 所示。拍摄人物时，运用侧光能够展现人物的情绪，通常将光线打在人物的侧脸上。

图 3-34　顺光拍摄

图 3-35　侧光拍摄

采用不同的侧光角度，可以表现或突出强调被摄主体的不同部位。拍摄短视频时可以根据想要取得的画面效果采用不同的角度进行侧光拍摄。侧光可以单独使用，也可以作为辅助光使用。

3. 逆光拍摄

逆光也称背光、轮廓光或隔离光，其光源在被摄主体的后方、镜头的前方，有时镜头、被摄主体、逆光光源三者几乎在一条直线上。

采用逆光拍摄能够清晰地勾勒出被摄主体的轮廓形状，被摄主体只有边缘部分被照亮，产生轮廓光或剪影的效果，这对表现人物的轮廓特征，以及把物体与物体、物体与背景区分出来都极为有效，如图 3-36 所示。运用逆光拍摄，能够取得造型优美、轮廓清晰、影调丰富、质感突出和生动活泼的画面效果。

图 3-36　逆光拍摄

4. 顶光拍摄

顶光拍摄是指光线从被摄主体的正上方照射，此时阴影会出现在被摄主体的正下方，俗称"骷髅光"，如图 3-37 所示。最具代表性的顶光是正午的太阳光，这种光线会使被摄主体凸出的部分更明亮，凹陷的部分更阴暗。在拍摄人物时利用顶光可能会使人物眼、鼻等部位的下方出现明显的阴影。顶光通常用于反映被摄主体的特殊精神面貌，如憔悴、缺少活力等状态。

图 3-37　顶光拍摄

除此之外，拍摄大屋檐、大斜坡、大曲面结构、楼口结构的建筑时，也可以运用顶光，使被摄主体产生更浓密、丰富的阴影，呈现独特的建筑形态。同时，顶光也可以用于拍摄风景，拍摄人员透过天窗、花丛、树枝等，借助顶光自下往上拍，以此形成逆光，从而突出玻璃、花瓣、树叶等的轮廓和质感。

3.3.5　拍摄帧率

"帧"是视频的基础单位，相当于电影胶片上的每一格镜头。"一帧"是一幅静止画面，连续的"帧"即可造成视觉假象，形成连续的动态视频。

在介绍"帧率"之前，需要知道"帧数"的概念。帧数是生成数量的简称，可以理解为静态图片的数量。"帧率"可以利用一个公式来解释：率 = 帧数 / 时间。

帧率的单位是帧每秒。简单来说，帧率是指每秒显示的帧数量。如果一段短视频每秒的帧数为 24，帧率则为 24fps。帧率越大，画面越流畅、清晰。

拍摄帧率是指在拍摄中设置的帧率。通常情况下，24fps 被视为标准率。拍摄时选择的帧率低于该数值，则称为"降格"；高于该数值，则称为"升格"。

1. 降格拍摄

降格拍摄是指在拍摄视频时将率设置为低于 24fps。根据视频内容需要可以将帧率降至 20fps、16fps、8fps，甚至更低。如果仍以 24fps 的帧率播放视频，则这种镜头被称为"快镜头"，它可以用来营造紧张的氛围或制造喜剧效果。例如，画面中的车辆与行人快速移动，人物出现异于常态的快速动作等。

2. 升格拍摄

升格拍摄是指在拍摄视频时将帧率设置为高于 24fps。根据视频内容需要可以将帧率升至 48~60fps、90~120fps。这种镜头被称为"慢镜头"，它可以用来营造美感或是突出某个画面。例如，帧率为 48~60fps 的画面可用于展现欢声笑语的场景，为画面中的人物增添幸福感。

3.4 手机拍摄短视频

手机已经成为短视频拍摄的主要设备，用户除使用手机自带的视频拍摄功能外，还可以通过下载和安装 App 来进行短视频拍摄。只要懂得一些视频拍摄的技巧，任何人都有可能拍出媲美单反相机和摄像机拍摄效果的短视频。下面就介绍手机拍摄的常用 App、手机拍摄的设置和技巧。

3.4.1 常用的 App

手机拍摄短视频常用的 App 主要有两种类型：一种是短视频平台的官方 App，其自带短视频拍摄功能；另一种是视频拍摄 App。

1. 短视频平台的官方 App

目前，大多数短视频平台的官方 App 都具备短视频拍摄功能，如抖音短视频、快手、腾讯视、抖音火山版、美拍和秒拍等。用户可以通过 App 直接拍摄短视频内容，并利用 App 中的原创效果、滤镜和场景切换等功能美化和编辑短视频，最后将其直接发布到该短视频平台中。

2. 视频拍摄 App

视频拍摄 App 主要分为以下 4 种类型。

（1）专业视频拍摄 App。这种类型 App 的主要功能是拍摄各种视频，比较常见的有 ProMovie、FiLMic 专业版和 ZY PLAY 等，一些专业的短视频拍摄团队通常会使用这类 App。这类 App 通常采用横屏的拍摄方式。

（2）相机 App。这种类型的 App 的主要功能是拍摄和制作各种照片和图片，短视频拍摄只是其中的一项功能，比较常见的有轻颜相机、美颜相机和无他相机等。

（3）图片和视频剪辑处理 App。这种类型 App 的主要功能是对拍摄的照片、视频进行编辑和美化，其本质是一种具备短视频拍摄功能的剪辑处理 App，典型代表是美图秀秀。

（4）手机自带的相机 App。这种类型 App 的主要功能是拍照和拍摄视频。

3.4.2 手机拍摄的设置和技巧

1. 手机拍摄的设置

在使用手机自带的相机 App 进行拍摄时，拍摄之前要设置短视频的尺寸和大小，短视频的转场、特效和文字等都需要在后期剪辑中添加和设置。但是，使用短视频平台的官方 App 拍摄时，就可以提前进行特效和美颜等参数的设置，拍摄完成后不需要剪辑就可以直接发布到平台中。下面以抖音短视频为例，介绍短视频拍摄时常见的一些设置。

（1）滤镜。滤镜主要用来实现视频图像的各种特殊效果。抖音短视频中设置滤镜的方法非常简单，在拍摄短视频的主界面中点击"滤镜"按钮，在打开的"滤镜"栏中分别有"人像""风景""美食""新锐"4 种滤镜类型，在每种类型下又有多种滤镜，点击选择需要的滤镜即可将该滤镜应用到短视频拍摄中，拖动"滤镜"栏上方的滑块还可以调整滤镜的效果。

（2）美化。抖音短视频中的美化功能主要用于美化人脸，帮助短视频中的主角提升"颜值"。抖音短视频中进行美化设置的方法是在拍摄短视频的主界面中点击"美化"按钮，在打开的"美颜"栏中有"磨皮""瘦脸""大眼""口红""腮红"5 个选项，点击对应的按钮选择一种美颜方式，然后拖动"美颜"栏上方的滑块调整对应的美颜效果。

（3）倒计时。设置倒计时的目的是实现手机自动拍摄短视频，其方法是在拍摄短视频的主界面中点击"倒计时"按钮，在打开的"倒计时"栏中有 3 个设置项目。

（4）道具。道具其实就是一些已经制作好的特效镜头，可以直接用来进行短视频拍摄，完成后拍摄的短视频内容和道具将共同存在于画面中。在拍摄短视频的主界面中点击"道具"按钮，在打开的"道具"栏中有"热门""最""氛围""扮新""场景""美妆""新奇""游戏""变形""测一测""头饰"多种道具类型。在这些类型中点击选择具体的道具即可将其应用到拍摄画面中，如果要取消应用的道具，只需要在"道具"栏中点击左侧的"取消"按钮即可。

（5）音乐。在抖音短视频中设置音乐后，就可以根据音乐的节奏来拍摄短视频。在拍摄短视频的主界面中点击"选择音乐"按钮，打开设置音乐的界面，在其中可以搜索或者直接点击选择需要添加的音乐，系统将播放该音乐，并在其右侧显示"使用"按钮。点击该按钮即可将其设置为拍摄短视频的背景音乐，拍摄开始的同时将自动播放该音乐。

（6）闪光。这里的闪光灯与相机拍摄的闪光灯的功能有所不同，在拍摄短视频的主界面中点击"闪光灯"按钮，即可开启闪光灯，该闪光灯会保持常亮，而不是像相机拍摄照片那样短暂闪光，这样就可以为短视频拍摄提供一个稳定的辅助光源。

（7）快慢速。设置快慢速就是为拍摄的短视频设置快镜头或慢镜头。在拍摄短视频的主界面中点击"快慢速"按钮，在打开的"快慢速"栏中有"极慢""慢""标准""快""极快"5 个选项，点击对应按钮即可拍摄对应速度的短视频。

（8）翻转。在拍摄短视频的主界面中点击"翻转"按钮，可以关闭当前摄像的镜头，打开手机另一面的镜头进行视频拍摄。

2. 手机拍摄的技巧

科技的进步使现在的手机也能够拍摄出高清晰度、高画质的视频，所以很多人都使用手机拍摄短视频。不过，由于手机和其他专业的摄像设备在技术和功能上有差异，所以想要使用手机拍摄出优秀的短视频，除了前面介绍过的一些短视频拍摄的技巧外，还需要了解一些手机拍摄的基本技巧，包括以下几项。

（1）保证足够的存储空间。虽然现在的手机的存储空间都比较大，如128GB、256GB，甚至512GB，但对于拍摄清晰度较高的短视频来说，仍然不太宽裕。例如，拍摄一分钟的1080P全高清分辨率的短视频所需的存储空间最少为100MB，有时候为了使拍摄效果更好，可能会多拍几次，所以预留几个字节的空间是必需的。因此，在使用手机进行短视频拍摄之前，首先要检查手机的存储空间，通常在手机的设置选项中可以查看具体的存储情况，如果空间不足就需要删除多余的内容，或者安装存储卡和其他外置存储设备，帮助存储拍摄的短视频。

（2）保证充足的电量。使用手机进行短视频拍摄是一项非常耗电的操作，所以在拍摄前应该保证手机有足够的电量支持。在用手机拍摄短视频时，除了提前充满电外，还可以为其配备充电宝等外部电源，保证手机拍摄的正常进行。

（3）保证不受外部干扰。在使用手机拍摄短视频时，可能会出现一些信息干扰。例如，有通知消息或短信在屏幕上弹出，影响拍摄画面的实时监控，而且这些信息的通知提示音可能会被录入短视频中，影响正常的录音。如果有电话打进来，短视频的拍摄还会自动停止。所以，为保证拍摄工作不受外部的干扰，最简单的操作就是将手机设置为飞行模式，这样就可以防止短信、电话、微信或其他干扰影响拍摄工作的正常进行。

（4）根据发布平台的不同调整拍摄方向。这里的拍摄方向是指使用手机拍摄时手机的方向，主要有横屏和竖屏两种，横屏拍摄的短视频比例通常是16：9或16：10，竖屏拍摄的短视频比例则是9：16或10：16。通常不同的拍摄方向对视频发布没有太大的影响，但如果发布在优酷和爱奇艺等长视频平台，通常平台会默认为横向视频。纵向拍摄的短视频设置为横向后，播放时会在屏幕左右两侧出现黑条，影响观众的视觉体验。同样，在抖音短视频、快手和腾讯微视等短视频平台发布横向拍摄的短视频，播放时屏幕上下两侧将会出现黑条。所以，手机拍摄短视频前应该先确定发布的平台，再选择拍摄方向。

（5）擦拭镜头。这一点很多人在拍摄短视频时都没有注意。其实，人们在使用手机的过程中，手指的油脂经常会残留在镜头上。这样就会影响视频画面的效果，导致拍摄出来的画面锐度、反差和饱和度降低，最直观的感受就是画面模糊不清，整体视觉体验差。

（6）将屏幕亮度值调整到最大。光线不仅对拍摄的视频画面有影响，也对拍摄时拍摄人员实时查看拍摄画面有影响。所以，使用手机拍摄短视频前，最好将手机屏幕的亮度值调整到最大，可以帮助拍摄人员看清楚所有的画面细节，也可以辅助提升画面清晰度，让拍摄的画面更真实。

需要注意的是，将手机屏幕的亮度值调整到最大和使用灯光是有区别的。使用灯光是为了让拍摄对象更清晰，调整手机屏幕的亮度值则主要是为了让拍摄人员看到的拍摄画面更清晰。

任务实训： 使用抖音短视频拍摄零食短视频

下面使用抖音短视频拍摄零食的短视频，具体操作步骤如下。

步骤1：在手机中找到抖音短视频，点击其图标，启动抖音短视频，如图3-38所示。

步骤2：进入抖音短视频的主界面，点击"+"按钮，如图3-39所示。

图3-38 抖音短视频图标

图3-39 拍摄按钮

步骤3：进入抖音短视频的短视频拍摄界面，点击"滤镜"按钮，如图3-40所示。

步骤4：在下面打开的"滤镜"栏中点击选择"暖食"选项，如图3-41所示。

图3-40 短视频拍摄界面

图3-41 "滤镜"选项

步骤5：在"滤镜"栏外的任意位置点击，返回视频拍摄界面，再点击"选择音乐"按钮。打开选择音乐的界面，点击选择需要的音乐，最后点击"使用"按钮，如图3-42所示。

步骤6：返回视频拍摄的界面，点击"拍摄"按钮，开始拍摄短视频。由于抖音短视频默认拍摄时间是15秒，15秒过后会自动完成拍摄并进入短视频剪辑界面，在该界面可以对短视频进行剪辑。这里不做任何剪辑，直接点击"下一步"按钮，如图3-43所示。

步骤7：打开抖音短视频的发布界面，如图3-44所示，设置短视频标题后即可将其发布到抖音短视频平台中。

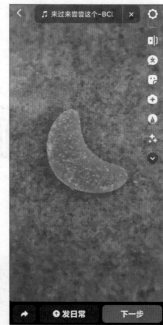

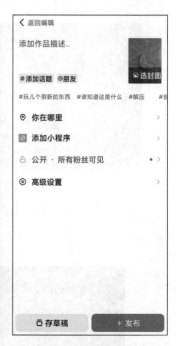

图3-42 "选择音乐"按钮   图3-43 "下一步"按钮   图3-44 发布短视频

| 第 4 章 |
移动端短视频后期制作

 知识目标

（1）了解短视频剪辑的原则与注意事项。

（2）掌握剪映的使用方法。

 思维导图

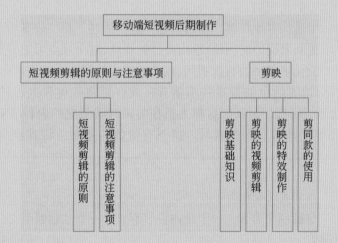

4.1 短视频剪辑的原则与注意事项

4.1.1 短视频剪辑的原则

短视频作品的最终呈现效果很大程度上是由剪辑工作决定的。剪辑人员对短视频素材进行剪辑时，应遵循以下 3 个原则。

1. 情感充沛

一条短视频的质量与其情感表达能力有着重要关系。不仅情感色彩浓重的短视频要注重情感表达，任何短视频都有其外在或内在的情绪。

例如，某段视频创作者创作的田园生活类短视频，虽然展现的是田园生活和日常农作，但其中蕴含着一种平静、闲适的情感特征。再如，新闻类短视频虽然以一种客观的角度传递信息，但字里行间都能透露出这则新闻隐藏的内在情感。

所以，剪辑短视频时，需要为原有素材注入更加丰富的情感色彩，还要注意确认每个镜头的运用、切换是否能够表达情感，是否有利于准确地传达情绪。

2. 具有故事情节

故事情节是短视频的重要组成要素，它决定了短视频的内容是否流畅，情节是否有创意，高潮点是否能引发用户的好奇心。几乎每一条短视频都有其特有的故事情节，即使是时长仅有十几秒、内容简单的短视频，大多也有一定的故事情节。

不管是什么类型的短视频，都需要以故事情节为剪辑原则。例如，街头采访类短视频需要首先抛出一个受访者比较感兴趣的话题，这个话题正是"故事情节"中的主要脉络。受访者会根据提问者提出的问题，给出自己的观点，这个观点可能就包含了一个"故事"。提问者若依据受访者的回答再次追问，就能在连续的问答中挖掘出一个随机的故事。

当然，有的受访者给出的答案并不精彩，或许短视频剪辑人员并不容易挖掘出一个有内容的故事。那么，短视频剪辑人员在剪辑时就要把控内容节奏，挑选并删减不能构成故事和推进情节发展的素材，留下有价值的素材，将其组合成一个精彩的故事。

3. 节奏顺畅

剪辑节奏主要包括两个方面：一个是内容节奏；另一个是画面节奏。剧情类短视频需要根据剧情发展确定内容节奏。在剪辑这类短视频时，要当机立断，把冗长、多余的人物对白和画面删除，留下对剧情发展有帮助的精华内容，以免节奏过于拖沓。但也不要为了过分追求精简而大篇幅删减镜头，使重要内容丢失，导致剧情发展不连贯、太跳跃等。例如，在剪辑反转类短视频时，需要在重点剧情之前适当铺垫内容，但这一内容不宜过长，否则容易让人丧失兴趣。画面节奏主要是指音乐类短视频需要根据音乐的节奏确定画面的节奏。短视频剪辑人员根据音乐的风格、节拍、副歌点等来进行剪辑，最终制作出画面与音乐完美融合的短视频。在剪辑这类短视频时，要注意使镜头切换的节奏与音乐变换的节奏相同，给观众带来视觉与听觉的双重享受。

4.1.2 短视频剪辑的注意事项

除要遵循以上提到的 3 个剪辑原则，剪辑时短视频还应注意以下 4 个注意事项，以保证剪辑出的短视频给人以流畅的观看体验。

1. 统一重点方位

在剪辑户外拍摄的短视频时，可能会发现同样的场景中人物众多，切换镜头时画面相对混乱，无法找到重点。遇到这种情况通常可以运用两种方法处理：一种是以人物视线为主，当人物作为被摄主体时，可以将人物的眼睛（视线）作为画面重点，在适当范围内剪裁画面，保证观看短视频的观众能够在某个固定的区域找到画面重点；另一种是将画面重点放在相似位置，使被摄主体始终处于画面中的固定位置，便于观众快速寻找。

2. 统一运动方向

如果两个画面中的被摄主体以相似的速度向相同的方向运动，那么短视频剪辑人员可以将两个处于运动状态下的镜头衔接在一起，使两个画面完美结合。例如，第一个镜头是"工厂的零件正在加工制造"，下一个镜头是"零件包装完毕等待出厂"，这两个画面中的被摄主体都是"零件"，且以同样的运动方向拍摄，那么将两者剪辑在一起时，会形成一个自然的转场，呈现出一气呵成的效果。

3. 统一画面色调

调整画面色调时，每个镜头的色彩都要与短视频的整体画面风格相符，切勿把色调完全不同的素材拼接在一起。色调的转换需要人的视觉系统快速做出反应，频繁更换色调不仅会使短视频画面看起来不协调，还会影响观众的观看体验。

4. 结合相似部分

两个截然不同的镜头也能自然地衔接在一起，且采用这样的剪辑方法能够为短视频画面增添不少美感。其秘诀在于，两个看似不同的画面，实则存在相似的元素，剪辑时需要找到镜头中相关联的部分元素，将两者完美结合。这种有关联的画面可以是相同的运动轨迹，也可以是相同的元素或道具。无论是运动镜头，还是静止镜头，只要短视频剪辑人员能找到两者中相关联的元素，就能将其自然衔接。例如，走下楼梯和进入电梯是两个不同的场景，但两者有着类似的运动状态和逻辑关系，那么短视频剪辑人员就可以将两个镜头结合在一起，使画面看起来连贯而流畅。

4.2 剪 映

4.2.1 剪映基础知识

剪映是抖音官方推出的一款手机视频编辑工具，带有全面的剪辑功能，支持变速，有多种滤镜和美颜的效果，有丰富的曲库资源，其图标如图4-1所示。

剪映的操作很容易，软件十分实用，可以帮助大家剪辑出很有趣的短视频。

下面介绍剪映的界面，让大家对剪映有初步的认识。

（1）打开剪映，点击界面中的"开始创作"按钮，从相册中导入素材进行创作，如图4-2所示。

（2）存储"剪辑""模板""图文"和"脚本"的位置如图4-3所示。

图4-1 剪映图标　　　图4-2 点击"开始创作"按钮　　　图4-3 草稿箱

（3）点击"管理"按钮，可以单个删除或者批量删除草稿箱中的视频，如图4-4所示。

（4）点击右上角的"设置"图标，进入图4-5所示的"设置"界面，该界面包括自动添加片尾、意见反馈、用户协议、隐私条款和版本号等信息。

（5）点击"开始创作"导入短视频后，进入图4-6所示的视频编辑界面，上方的3个图标从左至右依次表示"关闭界面""放大视频"和"导出视频"。

图 4-4 点击"管理"按钮

图 4-5 "设置"界面

图 4-6 视频编辑界面

4.2.2 剪映的视频剪辑

剪映可以轻松制作各种酷炫的短视频，功能非常强大，本节就介绍如何使用剪映进行短视频剪辑。

1. 调整短视频的时长

使用剪映调整短视频的时长的具体操作步骤如下。

（1）打开剪映，点击"开始创作"按钮，如图 4-7 所示。

（2）选择想要剪辑的短视频，如图 4-8 所示。

（3）点击底部的"添加"按钮，如图 4-9 所示。

（4）短视频导入成功后即可进入短视频编辑界面，如图 4-10 所示。

（5）点击视频轨道，此时最下方的工具栏区域会显示各种视频编辑功能，如图 4-11 所示。

（6）滑动视频轨道，使想要作为视频起点的画面对准白色竖线，点击下方工具栏中的"分割"。同样，把想要作为视频终点的画面对准白色竖线，点击下方工具栏中的"分割"，这样就把视频调整至需要的时长了，如图 4-12 所示。

图 4-7 点击"开始创作"按钮

图 4-8　选择短视频　　　图 4-9　点击底部的"添加"按钮　　　图 4-10　短视频编辑界面

（7）如果刚才剪辑的视频的起点和终点需要调整，可以点击视频轨道，这时会看到视频的首尾出现可拖动的滑块，如图 4-13 所示。

图 4-11　工具栏区域　　　图 4-12　点击"分割"按钮　　　图 4-13　可拖动的滑块

（8）拖动视频起点或终点的滑块就可以重新调整要保留的部分了，如图 4-14 所示。

2. 添加多个轨道

用剪映剪辑短视频时，有时需要添加不同的轨道。用剪映添加多个轨道的具体操作步骤如下。

（1）打开剪映，导入短视频素材，如图 4-15 所示。

（2）进入视频编辑界面，点击视频轨道下面的"添加音频"按钮，如图 4-16 所示。

图 4-14　拖动滑块

图 4-15　导入短视频素材　图 4-16　点击"添加音频"按钮

（3）进入图 4-17 所示的界面，点击底部的"音乐"按钮。

（4）进入"添加音乐"界面，选择想要添加的音乐，点击音乐后面的"使用"按钮，即可添加音乐，如图 4-18 所示。

（5）点击底部最左侧的图标，如图 4-19 所示。

图 4-17　点击"音乐"按钮　图 4-18　进入"添加音乐"界面　图 4-19　点击底部左侧图标

（6）进入图 4-20 所示的界面，点击底部的"文字"按钮。

（7）进入文本编辑界面，下方有新建文本、文字模板、识别字幕、识别歌和添加贴纸几个选项，点击"识别歌词"按钮，如图 4-21 所示。

（8）点击"开始匹配"按钮，如图 4-22 所示。

图 4-20　点击"文字"按钮　图 4-21　点击"识别歌词"按钮　图 4-22　点击"开始匹配"按钮

（9）歌词识别成功后，即完成了添加歌词轨道，如图 4-23 所示。

（10）在工具栏中点击"特效"按钮还可以添加特效轨道，如图 4-24 所示。

图 4-23　完成添加歌词轨道　　　　　图 4-24　点击"特效"按钮

音频、特效可以拥有多条轨道，从而实现同时添加多个音频、多种特效，使短视频有不一样的效果。

3. 添加贴纸

通过剪映给短视频添加贴纸，可以让短视频变得更有特色、更美观，让短视频的效果更好。用剪映给短视频添加贴纸的具体操作步骤如下。

（1）打开剪映，导入短视频，点击底部的"贴纸"按钮，如图4-25所示。

（2）界面中有很多贴纸的分类，点击图片图标，添加手机里的照片作为贴纸，如图4-26所示。

（3）在弹出的界面中选择想要添加的照片，如图4-27所示。

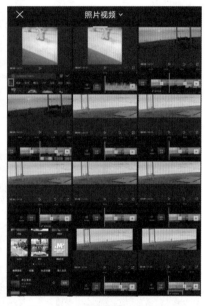

图4-25　点击"贴纸"按钮　　图4-26　点击图片图标　　图4-27　选择想要添加的照片

（4）这样就将照片添加到视频中作为贴纸了，如图4-28所示。

（5）缩放、移动照片达到最佳效果，如图4-29所示。

（6）还可以在"贴纸"中选择其他贴纸，点击相应的贴纸即可将其添加到短视频中，如图4-30所示。

4. 更改字幕的大小和位置

使用剪映更改字幕的大小和位置的具体操作步骤如下。

（1）打开剪映，导入短视频，点击底部的"文字"按钮，如图4-31所示。

（2）点击"新建文本"按钮，如图4-32所示。

（3）此时，视频中会显示"输入文字"，输入文字"海滨风光"，如图4-33所示。

图 4-28　将照片添加到视频中作为贴纸

图 4-29　缩放、移动照片

图 4-30　选择其他贴纸

图 4-31　点击"文字"按钮

图 4-32　点击"新建文本"按钮

图 4-33　输入文字

（4）为输入的文字设置字体、颜色等，如图 4-34 所示。

（5）按住并滑动视频中文字框右下角的图标，即可扩大或缩小字幕。图 4-35 所示为扩大字幕。

（6）按住视频中的文字框，左右拖动即可更改字幕的位置，如图 4-36 所示。

图 4-34　设置字体、颜色　　　图 4-35　扩大字幕　　　图 4-36　更改字幕的位置

5. 调整短视频的播放速度

如果想将短视频的播放速度放慢或加快，具体操作步骤如下。

（1）打开剪映，导入短视频，点击底部的"剪辑"按钮，如图 4-37 所示。

（2）进入剪辑界面，点击底部的"变速"按钮，如图 4-38 所示。

（3）以调整常规变速为例，点击"常规变速"按钮，如图 4-39 所示。

图 4-37　点击"剪辑"按钮　　图 4-38　点击"变速"按钮　　图 4-39　点击"常规变速"按钮

（4）进入图 4-40 所示的界面，左右拖动红色圆圈或直接点击播放倍数，即可调整视频的播放速度，调整后点击"√"按钮。

（5）如果想调整曲线变速，点击"曲线变速"后，在弹出的界面中选择需要的变速类型即可，调整后点击"√"按钮，如图 4-41 所示。

6. 设置短视频的分辨率

在使用剪映编辑短视频时，我们常常会遇到分辨率不理想的问题，怎样设置短视频的分辨率，以及怎样把分辨率提高呢？具体操作步骤如下。

（1）打开剪映，导入短视频，点击右上角的"设置分辨率"按钮，如图 4-42 所示。

图 4-40　调整视频的播放速度　　图 4-41　选择需要的变速类型　　图 4-42　点击右上角的"设置分辨率"按钮

（2）进入图 4-43 所示的界面，左右拖动滑块可设置短视频的分辨率，设置完成后点击"导出"按钮。

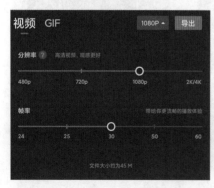

图 4-43　设置短视频的分辨率

（3）界面提示"努力导出中⋯请保持屏幕点亮，不要锁屏或切换程序"，如图 4-44 所示。

（4）导出完毕，点击底部的"完成"按钮即可，如图 4-45 所示。

7. 调整短视频的顺序

在剪辑多段短视频时，有时为了取得更好的效果，需要调整几段短视频的顺序，具体操作步骤如下。

（1）打开剪映，导入两段短视频，如图 4-46

所示。

（2）长按其中一段短视频并左右滑动，便可以调整短视频的顺序了，如图4-47所示。

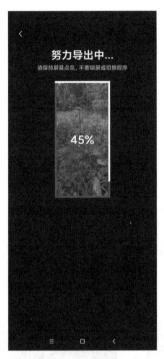

图 4-44　界面提示

图 4-45　导出完毕

图 4-46　导入两段短视频

图 4-47　调整短视频的顺序

4.2.3 剪映的特效制作

剪映为广大用户提供了各种丰富的特效，下面介绍使用剪映给短视频添加特效的方法。

1. 应用变声特效

（1）打开剪映，导入短视频，点击底部的"剪辑"按钮，如图 4-48 所示。

（2）点击剪辑界面底部的"变声"按钮，如图 4-49 所示。

（3）界面底部会出现多种变声特效选项，如大叔、萝莉、女生、男生等，如图 4-50 所示。

图 4-48　点击"剪辑"按钮　　图 4-49　点击"变声"按钮　　图 4-50 多种变声特效选项

（4）根据需要点击变声特效，如点击"大叔"选项，再点击右下角的"√"按钮即可应用该特效，如图 4-51 所示。

2. 制作倒放短视频

经常刷短视频的人大多看过一些非常有意思的倒放短视频，这种视频能给人制造一种视觉上的错觉，非常有趣。下面介绍倒放短视频的制作，具体操作步骤如下。

（1）打开剪映，导入短视频，点击底部的"剪辑"按钮，如图 4-52 所示。

（2）点击底部的"倒放"按钮，如图 4-53 所示。

（3）界面上会弹出提示框，提示"倒放中"，如图 4-54 所示。

（4）倒放成功后，点击右上角的"导出"按钮即可导出该视频，如图 4-55 所示。

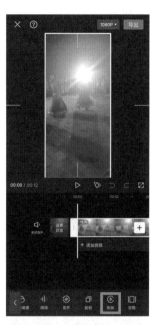

图 4-51　点击"大叔"选项　　　图 4-52　点击"剪辑"按钮　　　图 4-53　点击"倒放"按钮

3. 更改短视频的比例

（1）打开剪映，导入短视频，点击底部的"比例"按钮，如图 4-56 所示。

图 4-54　"倒放中"　　　　　图 4-55　点击"导出"按钮　　　图 4-56　点击"比例"按钮

（2）在出现的界面中，可选的比例有 9∶16、16∶9、1∶1、4∶3、2∶1 等，如图 4-57 所示。

（3）这里选择 4∶3，点击"4∶3"按钮，再点击右上角的"导出"按钮即可导出该视频，如图 4-58 所示。

4. 应用镜头变焦特效

（1）打开剪映，导入短视频，点击底部的"特效"按钮，如图 4-59 所示。

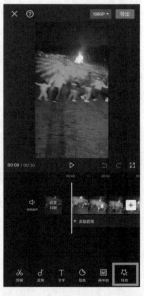

图 4-57　比例界面　　　　图 4-58　点击"导出"按钮　　　　图 4-59　点击"特效"按钮

（2）点击"热门"中的"镜头变焦"，并点击"√"按钮，如图 4-60 所示。

（3）这样就为短视频应用了渐渐放大特效，点击右上角的"导出"按钮即可导出该视频，如图 4-61 所示。

图 4-60　选中"镜头变焦"　　　　　　图 4-61　点击"导出"按钮

5. 制作卡点视频

卡点视频其实就是踩着音乐节奏的照片视频，炫酷且具有节奏感。通常来说，技术流类的视频分为特效视频和卡点视频两类。制作卡点视频最大的难点是对音乐的把控，每首音乐都有相应的节奏，所以掌握好节奏是重中之重。制作卡点视频的具体操作步骤如下。

（1）打开剪映，导入短视频，点击底部的"音频"按钮，如图 4-62 所示。

（2）在弹出的界面中点击"音乐"按钮，如图 4-63 所示。

（3）进入"添加音乐"界面，如图 4-64 所示。

（4）点击下载卡点音乐列表中自己喜欢的音乐，接着点击音乐名右侧的"使用"按钮，如图 4-65 所示。

（5）在视频编辑界面点击刚刚添加的音频轨道，点击底部的"踩点"按钮，如图 4-66 所示。

（6）点击"添加点"按钮，如图 4-67 所示。

图 4-62 点击"音频"按钮

图 4-63 点击"音乐"按钮

图 4-64 "添加音乐"界面

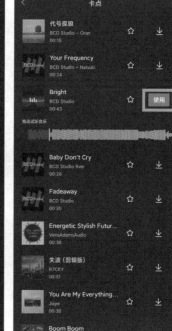

图 4-65 使用音乐

（7）"添加点"这时就会自动变成"删除点"，如图 4-68 所示，点击左侧的"自动踩点"按钮，可根据节拍或旋律自动踩点，当然也可以手动加点，能让系统将每次卡点的节奏用黄点标注出来。

（8）点击右上角的"导出"按钮即可导出该视频，如图 4-69 所示。

图 4-66 点击"踩点"按钮

图 4-67 点击"添加点"按钮

图 4-68 "删除点"按钮

图 4-69 "导出"视频

4.2.4　剪同款的使用

在使用剪映剪辑短视频时，可以使用剪同款功能实现快速剪辑，具体操作步骤如下。

（1）打开剪映，点击底部的"剪同款"按钮，如图 4-70 所示。

（2）进入模板选择界面，如图 4-71 所示。

（3）点击需要使用的模板，进入模板播放界面后点击右下角的"剪同款"按钮，如图 4-72 所示。

图 4-70　点击"剪同款"按钮　　图 4-71　模板选择界面　　图 4-72　点击"剪同款"按钮

（4）进入"照片视频"界面，如图 4-73 所示。

（5）选择相应的视频或照片，点击下方的"下一步"按钮，如图 4-74 所示。

（6）点击右上角的"导出"按钮即可导出该视频，如图 4-75 所示。

图 4-73　"照片视频"界面　　图 4-74　选择视频或照片　　图 4-75　点击"导出"按钮

任务实训：　使用剪映对短视频进行编辑

使用剪映制作一段短视频，要求如下。

（1）打开剪映，导入至少两个视频素材。

（2）对视频素材进行编辑。

（3）为短视频添加字幕和特效。

（4）为短视频添加背景音乐。

第 5 章

PC端短视频后期制作

知识目标

（1）熟悉短视频剪辑与转场技巧。

（2）掌握 Premiere 的使用方法。

思维导图

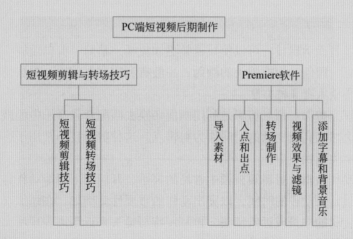

5.1 短视频剪辑与转场技巧

5.1.1 短视频剪辑技巧

剪辑是创作者对拍摄好的镜头进行选择、取舍、分解与组接，最终形成一个播放流畅、表意明确、主题鲜明的短视频作品。下面从镜头组接原则、画面剪辑技巧及声音剪辑技巧 3 个方面介绍短视频的剪辑方法与技巧。

1. 镜头组接原则

镜头组接是将单个镜头按照一定顺序和手法串联起来，成为具有条理和逻辑的短视频，其目的是建立完整的短视频结构。为能更好地表达主题，组接镜头时需要遵循以下原则。

（1）突出镜头内容的重点。为最大限度地精简短视频，剪辑时每一个镜头都要提炼出最精练的画面来传达重点信息。

（2）镜头内容的逻辑性。由于观众在观影过程中往往会不自觉地结合自身的生活经验来理解画面内容，因此在组接镜头时需符合大众的生活常识和思维习惯。

（3）景别角度的和谐性。在表现同一被摄对象时，如果不是为了追求特殊的视觉效果，应尽量避免同一景别的画面连续出现多次。

（4）画面色调的统一性。组接镜头时需注意画面的色调应统一、匹配。如果画面明暗或色彩对比很强烈，容易产生视觉上的跳跃感，影响内容表达的连续性。

2. 画面剪辑技巧

合理地利用画面剪辑技巧可以使短视频更加流畅、精简。剪辑短视频的技巧主要在于寻找到剪辑点，即何时切换镜头的画面，一般有利用踩点剪辑、根据动作剪辑、加入反应镜头和巧用蒙太奇 4 种方法。

（1）利用踩点剪辑。踩点剪辑是利用画面切换去匹配背景音乐中的鼓点声或其他声音，即把声音突然变高或变低的瞬间作为剪辑点。这种剪辑技巧常用于影视混剪类或故事性不强的展示类短视频中。

（2）根据动作剪辑。剪辑短视频中常见的挥手、开门或下厨等动作时主要有两种方法。一种是通过延长动作的时间，以突出动作的重要性。例如，在添加食材时，通常会先给一个添加食材的中景或近景镜头，再利用特写镜头来近距离表现所添加的食材。另一种是减少动作的镜头，造成动作的快速感，以减少完成动作的整体时长。例如，被摄人物在挤奶昔时，第一个镜头在挤第一个格子，第二个镜头已经在挤第三个格子了，动作看似是衔接的，实际上中间减少了填满第二个格子的动作，从而使完成动作的时长变短，内容更精简。

（3）加入反应镜头。剪辑过程中在描述事件的镜头后面加上反应镜头，能够提升观众参与感，加强情绪反应。例如，在一个展示美味肉块的特写镜头后，加上人物试吃的镜头，能极大地增强观众代入感，从而激发观众对美食的渴望。

（4）巧用蒙太奇。蒙太奇是将一系列在不同地点、从不同距离和角度、以不同方法拍摄的镜头组接起来，对不同时空的事件进行平行剪辑或交叉辑，从而将"不相关"的镜头衔接到一起组成新的内容。

3. 声音剪辑技巧

短视频中的声音主要是配乐，配乐是指短视频中运用的插曲、背景音乐等，其主要作用是烘托气氛，深入主题思想。下面简单介绍几种声音剪辑技巧。

（1）声画统一。声画统一是指短视频中的音乐应与画面表达的情绪氛围相匹配，如伤感的音乐配难过的事件，欢快的音乐配愉快的事件等。

（2）声画平行。声画平行是指短视频中的音乐和画面各自独立，声音只是短视频制作时添加的一种元素，如人物在进行解说或演示某种操作时，加入背景音乐能够丰富整体视听感受，让画面不显枯燥。

（3）声画对立。声画对立是指音乐与画面互不匹配或形成反差。使用这种方法，往往能够强化情绪，获取不一样的视听效果。例如，在搞笑的剧情中添加具有反差的悲伤音乐，会更有喜剧效果。

5.1.2　短视频转场技巧

转场即转换场面，转场技巧是一种用于过渡或衔接镜头的技巧。灵活利用转场技巧能让镜头之间的条理性更强，让观众的视觉更具连续性。下面介绍几种常用的短视频转场技巧。

（1）淡入淡出。淡入淡出是两种转场方式。其中，淡入是指第一个镜头画面逐渐显现直至呈现正常亮度，通常用于短视频的开始；淡出是指最后一个镜头画面逐渐隐去直至黑场，通常用于短视频的结束。

（2）叠化。叠化是指将前一镜头的结束画面与后一镜头的开始画面叠加在一起，以一个镜头逐渐消失、另外一个镜头逐渐显现的方式来实现两个镜头之间的衔接。使用这种转场方式可以使画面转换自然、连贯，常用于场景的自然切换。

（3）相似性因素转场。这种转场方式是在前后衔接的两个镜头或多个镜头中，利用外形或性质相似的被摄对象完成转场，以达到视觉连续、转场自然的目的。使用这种转场方式，可以增强画面的连贯性。例如，三个镜头都是鞋子的特写，以此为相似性因素完成三个场景的切换，画面在视觉上显得连贯且流畅。

（4）利用特写转场。特写具有强调画面细节、集中观众注意力的作用。利用特写领头转场不仅可以调动观众的情绪，还可以在一定程度上弱化时空转换带来的视觉跳动，从而自然地实现转场。

（5）利用空镜头转场。利用空镜头转场是指利用群山、建筑、田野、天空等进行场景之间的过渡。这种转场方式不仅可以展现环境风貌，明确转场后的地点，还可以达到借景抒情的目的。

（6）利用挡黑镜头转场。利用挡黑镜头转场是指镜头被画面内的某个对象暂时挡住，使观众无法从镜头中辨别出主体的性质、形状和质地等，从而完成时间或空间的转变。其实质是，利用主体被遮挡的效果完成场景的淡出与淡入，其画面效果具有较强的冲击力，且更具戏剧性。例如，利用书包作为遮挡，从而自然、流畅地完成了时空转换。

5.2　Premiere 软 件

5.2.1　导入素材

1. Premiere 操作界面

Premiere 是短视频制作和剪辑中的常用软件，其操作界面通常由多种不同的面板组成，其中最常用的是"项目"面板、"源"面板、"时间轴"面板和"节目"面板，如图 5-1 所示。

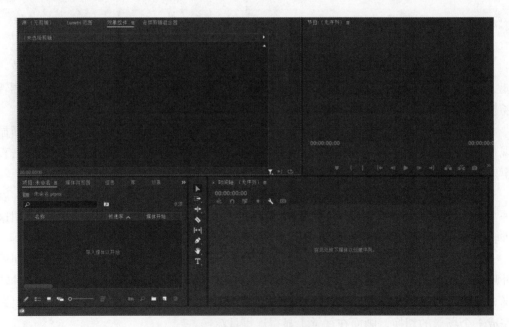

图 5-1　Premiere 操作界面

（1）"项目"面板。"项目"面板的主要功能是进行视频素材管理，导入视频素材和新建的素材都可以在"项目"面板中进行管理，也可以在其中建立序列文件，如图 5-2 所示。

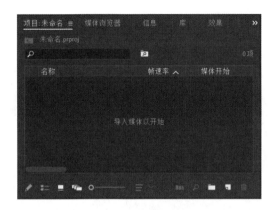

图 5-2　"项目"面板

（2）"源"面板。在"项目"面板中双击某一个视频素材，可以在左上角的"源"面板中预览该视频素材，也可以对该视频素材进行简单的标记，如图 5-3 所示。

图 5-3　"源"面板

（3）"时间轴"面板。使用"时间轴"面板左侧工具栏中的工具可对视频素材进行剪辑和制作各种效果，前提是将"项目"面板中的素材拖曳到"时间轴"面板中，如图 5-4 所示。

图 5-4　"时间轴"面板

（4）"节目"面板。"节目"面板的主要功能是预览剪辑的视频效果，如图 5-5 所示。

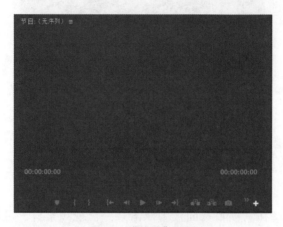

图 5-5 "节目"面板

2. 新建项目文件

使用 Premiere 编辑短视频要先创建一个项目文件，用于保存序列和资源有关的信息。

Premiere 中新建项目的具体操作方法：启动 Premiere，依次单击"文件"→"新建"→"项目"命令或按 Ctrl+Alt+N 组合键，打开"新建项目"对话框，如图 5-6 所示。在"名称"文本框中为项目命名，之后单击"位置"右侧的"浏览"按钮，设置项目文件的保存位置，单击"确定"按钮，系统将新建一个项目文件，并在标题栏中显示文件的路径和名称，如图 5-7 所示。要关闭项目文件，可以依次单击"文件"→"关闭项目"命令或按 Ctrl+Shift+W 组合键。

图 5-6 "新建项目"对话框

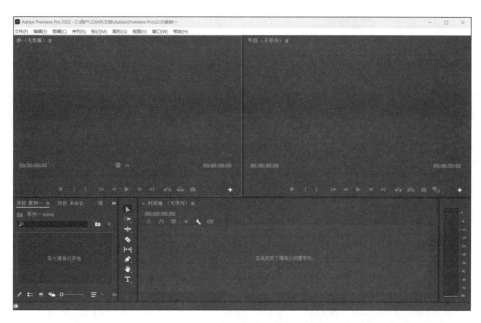

图 5-7　新项目窗口

3. 导入素材

将要编辑的素材文件导入项目文件中，常用的导入方法有以下三种。

（1）使用"媒体浏览器"导入。要编辑短视频，需要将用到的视频素材导入 Premiere 中。首先，单击"媒体浏览器"面板，从中浏览要在项目中使用的素材，双击视频素材，可以在"源"面板中浏览素材，以查看是否要使用它；其次，选择要导入项目中的素材并右击，在弹出的快捷菜单中选择"导入"命令（图 5-8），此时即可将所选素材导入"项目"面板中。

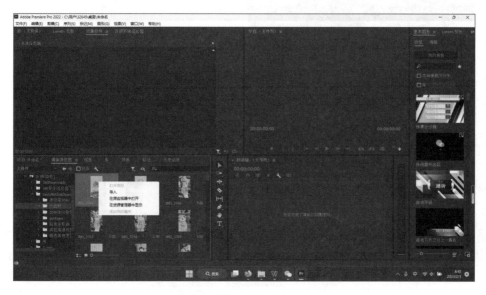

图 5-8　"媒体浏览器"导入

（2）用"导入"对话框导入。在"项目"面板的空白位置双击或直接按 Ctrl+l 组合键，打开"导入"对话框，选择要导入的素材，然后单击"打开"按钮即可导入素材，如图 5-9 所示。

图 5-9　"导入"对话框

（3）将素材拖入"项目"面板。直接将要导入的素材从文件资源管理器中拖入 Premiere 的"项目"面板中，即可导入素材，如图 5-10 所示。需要注意的是，Premiere 中的素材实际上是媒体文件的链接，而不是媒体文件本身。例如，在 Premiere 中修改文件名称、在时间轴中对文件进行裁剪，不会对媒体文件本身造成影响。

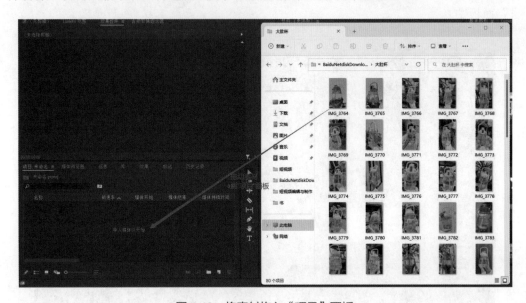

图 5-10　将素材拖入"项目"面板

5.2.2　入点和出点

为实现精确细致地剪辑，剪辑工作中还需要频繁标记出点和入点。通常情况下，在"源"面板和"节目"面板中标记出点和入点。

在"源"面板和"节目"面板中，可以执行"标记"→"标记入点"/"标记出点"完成对出点或入点的标记。

在"源"面板中标记出点和入点，与在"节目"面板中标记出点和入点的作用并不相同。在"源"面板中标记出点和入点，相当于定义了操作的区段。在"源"面板中标记出点和入点后，再把素材拖到"时间轴"面板上，可操作的就不是整个素材而是选取的区段，同时，"节目"面板中可预览的视频内容也是选取的区段。

在"节目"面板中标记出点和入点，在时间轴中移动素材时，出点和入点不会移动。例如，在 10 秒处标记了入点，在 20 秒处标记了出点，那么不管是移动、插入还是删除素材，入点和出点依然是在 10 秒和 20 秒的位置，操作方法如下。

（1）打开"书\短视频编辑与制作\素第五章\案例一 .prproj"项目文件，在"项目"面板中双击视频素材，在"源"面板中预览素材。将播放头拖至剪辑的开始位置，单击"标记入点"按钮或按"I"键，标记剪辑的入点，如图 5-11 所示。

图 5-11　标记剪辑的入点

（2）将播放头定位到剪辑的出点位置，单击"标记出点"按钮或按"O"键，然后拖动"仅拖动视频"按钮到"时间轴"面板中，如图 5-12 所示。若拖动视频画面，可以将剪辑中的视频和音频一起拖至"时间轴"面板中。

5.2.3　转场制作

1. 添加转场效果

步骤 1：启动 Premiere，依次单击菜单栏中的"编辑"→"首选项"→"常规"命令，在弹出的"首选项"对话框中将"时间轴"→"视频过渡默认持续时间"设置为 16 帧，单击"确定"按钮，如图 5-13 所示。

图 5-12　标记剪辑的出点

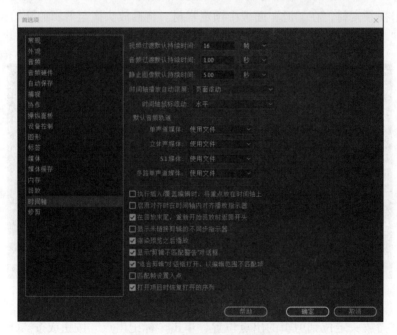

图 5-13　"首选项"对话框

　　步骤 2：导入两个视频，将其拖入"时间轴"面板中打开"效果"面板，在"视频过渡"下选择想要的转场特效，"视频过渡"文件夹中的效果都可以用于添加转场效果，如图 5-14 所示。根据实际情况任意选择其中一个，之后将该转场效果拖曳至两个素材的连接处。时间轴上出现了小框，就表示转场效果添加成功，如图 5-15 所示。

　　将游标移到两个素材中间，使用 Ctrl+D 组合键添加默认样式的转场。如果不求转场效果的多样性，可以直接使用该方法快速添加转场效果。

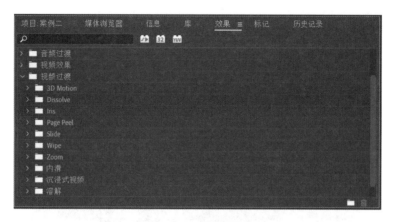

图 5-14　选择转场效果

图 5-15　转场添加完成

2. 制作渐变擦除转场效果

渐变擦除转场是以画面的明暗作为渐变的依据,在两个镜头之间实现画面从亮部到暗部或从暗部到亮部的渐变过渡。在 Premiere 中制作渐变擦除转场效果的具体操作方法如下。

步骤 1:打开"书 \ 短视频编辑与制作 \ 素第五章 \ 案例二 .prproj"项目文件,导入素材"PublishVideo(10)""PublishVideo(11)""PublishVideo(12)",如图 5-16 所示。

图 5-16　导入素材

步骤 2:将视频素材分别添加到 V1、V2、V3 轨道上,使相邻的视频素材之间有重叠部分，如图 5-17 所示。

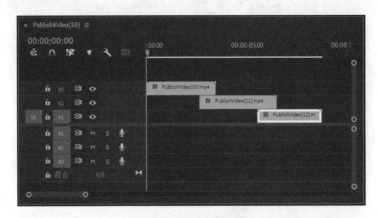

图 5-17　添加排列素材

步骤 3：移动光标，并使用剪裁工具分别对视频素材尾部的重叠部分进行裁剪，如图 5-18 所示。

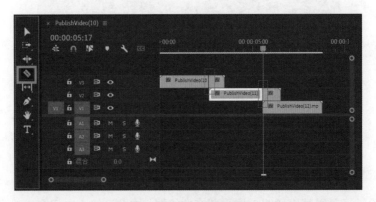

图 5-18　裁剪重叠素材

步骤 4：在"效果"面板中找到"渐变擦除"，然后双击"渐变擦除"效果，将该效果添加到所选视频素材中，在"效果控件"面板中启用"过渡"效果中的"渐变擦除"动画，如图 5-19 所示，将"标记"移到重复素材的前端，如图 5-20 所示。在"效果控件"

图 5-19　"渐变擦除"动画

面板中,单击"过渡完成" 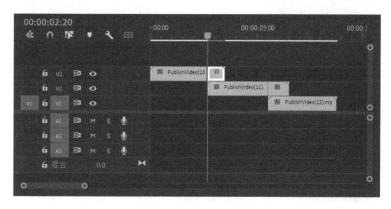 ,添加关键帧,如图 5-21 所示。设置"过渡完成"参数为 0,再移动"标记"到重复素材的末端,设置"过渡完成"参数为 100%,"过渡柔和度"参数为 30%,如图 5-22 所示。选中"反转渐变"复选框,即可实现画面亮部和暗部的反向渐变效果。

图 5-20 添加关键帧位置

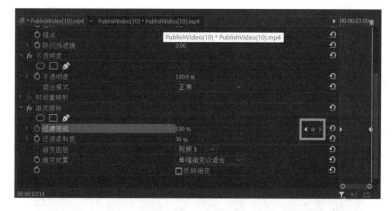

图 5-21 添加关键帧

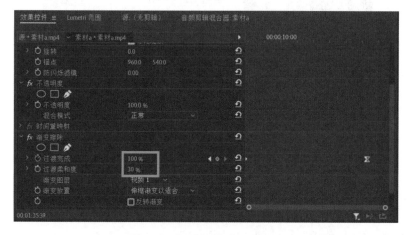

图 5-22 "渐变擦除"参数设置

步骤 5：用相同方式完成其余重叠部分设置，效果如图 5-23 所示。

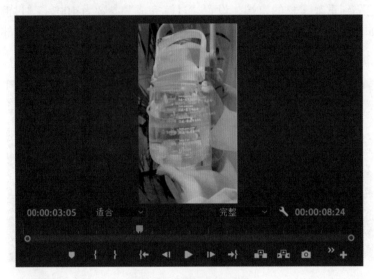

图 5-23　完成转场制作

3. 制作黑场转场效果

黑场转场（淡入／淡出）是电影或电视剧中常出现的一种转场方式。这种转场方式是前一段视频在结尾处缓慢地变暗，然后转为一帧黑场（全黑画面），紧接着第 2 段视频由黑场开始逐渐变亮，然后恢复正常，这样的转场过程可以让观众的直观感受非常舒服。

步骤 1：打开"书＼短视频编辑与制作＼素第五章＼案例三 .prproj"项目文件，导入素材"PublishVideo（10）""PublishVideo（11）"，如图 5-24 所示。

图 5-24　导入素材

步骤 2：使用"仅拖动视频按钮"将两个素材拖入"时间轴"面板中的 V1 和 V2 轨道，如图 5-25 所示。

步骤 3：在"效果控件"中找到"黑场过渡"选项，如图 5-26 所示。

步骤 4：拖动"黑场过渡"到素材之间，如图 5-27 所示。

图 5-25　将素材拖入"时间轴"面板

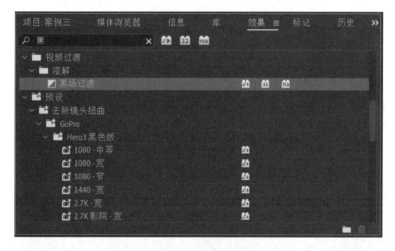

图 5-26　"黑场过渡"选项

图 5-27　添加"黑场过渡"效果

　　步骤 5：双击"黑场过渡"效果，在效果控件位置更改持续时间为 00：00：01：00，如图 5-28 所示。

　　至此，完成黑场转场效果。

图 5-28　设置"黑场过渡"效果

5.2.4　视频效果与滤镜

Premiere 为用户提供了很多专业的控制视频画面效果的参数，内容创作者可以通过调整这些参数获得更精彩的画面效果。Premiere 中有"变换""图像控制""实用程序""扭曲""时间""杂色与颗粒""模糊与锐化""沉浸式视频""生成""视频""调整""过时""过渡""透视""通道""键控""颜色校正""风格化"等多种效果组，每种效果组中又有多种视频效果。添加视频效果的操作方法是在功能区中单击"效果"功能按钮，展开"效果"面板，在其中选择"视频效果"选项，然后选择需要的视频效果，将其拖曳到时间轴的视频片段中，即可添加视频效果。在功能区中单击"效果"功能按钮，展开"效果控件"面板，在其中选择添加的视频效果对应的选项，拖曳鼠标指针调整对应的效果参数，即可调整视频画面的效果，如图 5-29 所示。

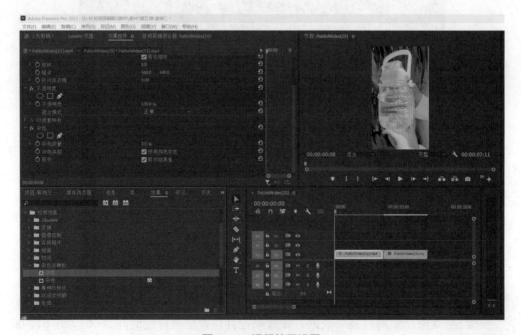

图 5-29　视频效果设置

Premiere 中有"Filmstocks""影片""SpeedLooks""单色""技术"等多种滤镜组，

每种滤镜组中又有多种滤镜效果。添加滤镜的操作方法是在功能区中单击"效果"功能按钮展开"效果"面板，在其中选择"Lumetri 预设"选项，然后展开需要的滤镜组，双击其中的滤镜选项即可为"时间轴"面板中的视频添加滤镜。在功能区中单击"效果"功能按钮，展开"效果控件"面板，在其中选择添加滤镜对应的选项，即可调整该滤镜的相关参数，进行滤镜效果设置，如图 5-30 所示。

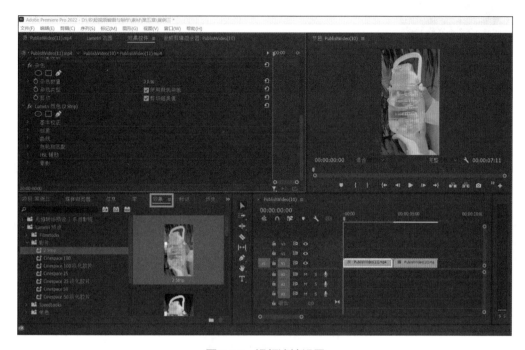

图 5-30　视频滤镜设置

5.2.5　添加字幕和背景音乐

1. 添加字幕

在短视频中添加文本，并为文本制作动画效果，具体操作方法如下。

步骤 1：选中素材"PublishVideo（10）"，在序列中将时间线定位到最左侧，按 T 键调用文字工具，在"节目"面板中输入文本，如图 5-31 所示。

图 5-31　在素材中添加文字

步骤 2：在"基本图形"面板中设置文本的字体、大小、外观等，如图 5-32 所示。

步骤 3：在"时间轴"面板中调整文字素材长度，如图 5-33 所示。

图 5-32　设置文字样式　　　　　　　　图 5-33　调整文字素材长度

2. 添加背景音乐

在 Premiere 中可以为短视频添加背景音乐，还可以录制画外音，具体操作方法如下。

步骤 1：打开"书 \ 短视频编辑与制作 \ 素第五章 \ 案例三 .prproj"项目文件，将视频素材拖至"时间轴"面板中创建序列，将背景音乐素材拖至 A1 音频轨道上，并修剪音频素材，如图 5-34 所示。

图 5-34　添加并修剪音乐素材

步骤 2：单击"编辑"→"首选项"→"音频硬件"命令，弹出"首选项"对话框，在"默认输入"下拉列表框中选择音频输入设备，如图 5-35 所示。

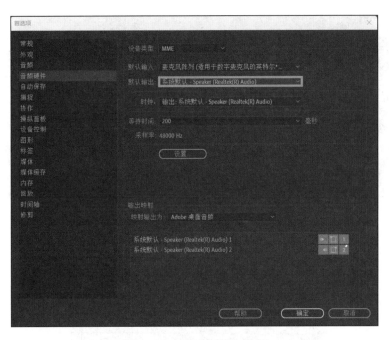

图 5-35 选择音频输入设备

步骤 3：如图 5-36 所示，在左侧选择"音频"选项，在右侧选中"时间轴录制期间静音输入"复选框，该设置可以避免录音时出现回音现象，然后单击"确定"按钮。

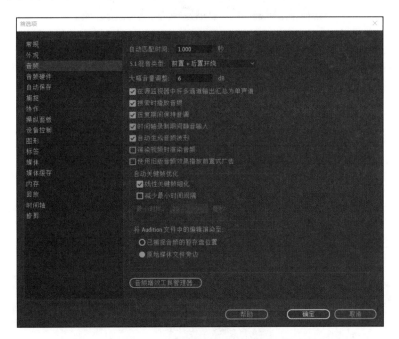

图 5-36 选中"时间轴录制期间静音输入"复选框

步骤4：在"时间轴"面板A1轨道头部右击"画外音录制"按钮，在弹出的快捷菜单中选择"画外音录制设置"命令，如图5-37所示。

图5-37　选择"画外音录制设置"命令

步骤5：在弹出的对话框中设置音频"名称""源""输入""倒计时声音提示"，然后单击"关闭"按钮，如图5-38所示。

图5-38　"画外音录制设置"对话框

步骤6：单击"画外音录制"按钮，使用话筒录制音频，录制完成后再次单击"画外音录制"按钮，效果如图5-39所示。

图5-39　完成录制

5.2.6 导出短视频

在 Premiere 中完成短视频剪辑操作后，可以快速导出视频。在导出视频时，可以设置视频的格式、比特率等参数，还可以导出部分视频片段，或者对视频画面进行裁剪，具体操作方法如下。

步骤 1：在"时间轴"面板中按住 Shift 键选择要导出的序列，如图 5-40 所示。

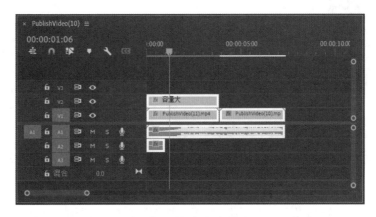

图 5-40 选择要导出的序列

步骤 2：按 Ctrl+M 组合键打开"导出设置"对话框，在"格式"下拉列表框中选择"H.264"选项（即 MP4 格式），如图 5-41 所示。

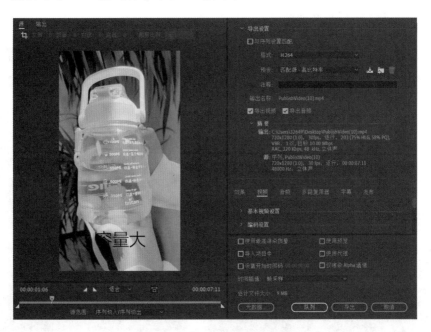

图 5-41 "导出设置"对话框

步骤 3：单击"输出名称"选项右侧的文件名超链接，在弹出的"另存为"对话框中选择短视频的保存位置，输入文件名，然后单击"保存"按钮，如图 5-42 所示。

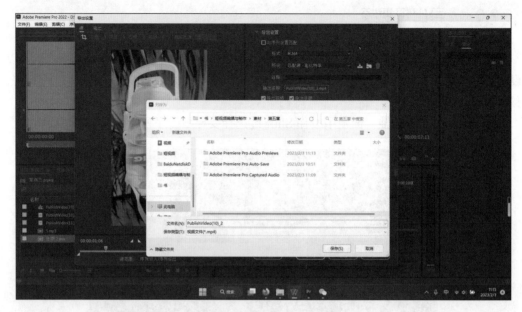

图 5-42　单击"保存"按钮

步骤 4：返回"导出设置"对话框，选择"视频"选项卡，调整"目标比特率"数值，对视频进行压缩，如图 5-43 所示。设置完成后，单击"导出"按钮即可导出视频。

步骤 5：若要导出序列中的指定视频片段，可以在"节目"面板中为此视频片段标记入点和出点，然后导出视频即可，如图 5-44 所示。也可单击左侧预览界面"剪裁输出视频"按钮，进行画面剪裁。

图 5-43　压缩视频

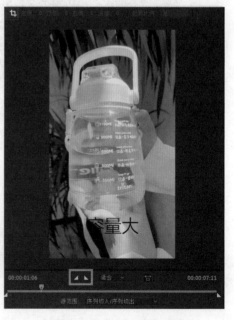

如图 5-44　标记入点和出点

任务实训：　添加文字字体的方法

在制作短视频字幕时，根据场景需要使用多种文字字体形式，添加文字字体的方法如下。

步骤 1：在素材包里找到自己喜欢的字体，进行复制，一般字体的格式是".ttf"，如图 5-45 所示。

步骤 2：在桌面上右击，然后找到"个性化"选项，如图 5-46 所示。

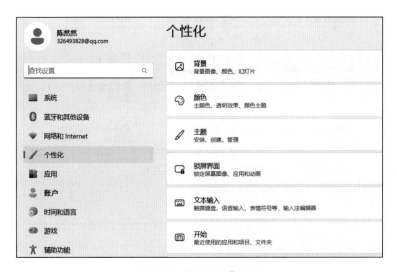

图 5-45　文字字体 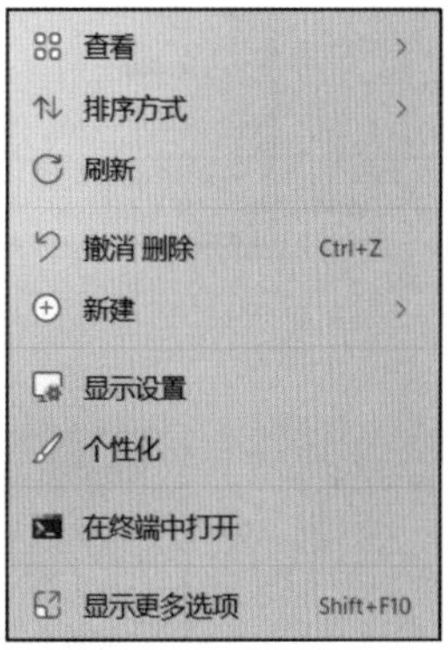　　　　　　　　　　　　　图 5-46　"个性化"选项

步骤 3：在"个性化"面板里，单击字体选项，然后将其打开，如图 5-47 所示。

图 5-47　"个性化"面板

步骤 4：单击"浏览并安装字体"按钮，在"D/ 素材 / 字体"文件夹中找到字体文件，单击"选择字体"按钮，完成字体添加，如图 5-48 所示。

步骤 5：安装完成后，在"可用字体"面板可以看到添加好的字体，如图 5-49 所示。

图 5-48　单击"选择字体"按钮

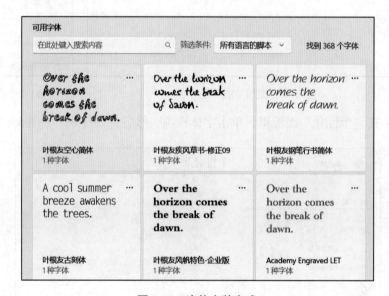

图 5-49　字体安装完成

| 第 6 章 |
短视频制作辅助软件

 知识目标

（1）掌握 Photoshop 软件的使用方法。

（2）掌握 GifCam 软件的使用方法。

（3）掌握 PhotoZoom 软件的使用方法。

 思维导图

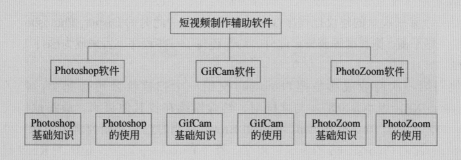

6.1 Photoshop 软件

Adobe Photoshop 简称 PS，是由 Adobe Systems 开发和发行的图像处理软件。Photoshop 主要处理以像素所构成的数字图像。使用其众多的编修与绘图工具，可以有效地进行图片编辑工作。Photoshop 有很多功能，在图像、图形、文字、视频、出版等各方面都有涉及，其快捷方式如图 6-1 所示。

图 6-1　Photoshop 快捷方式

Photoshop 软件向智能化、多元化方向发展，是一款深受用户喜欢的计算机图像处理软件。Photoshop 并不是全球第一款计算机图像处理软件，但它对人们的生活、工作影响很大。

1. 软件开发背景

Photoshop 的主要设计师托马斯·诺尔（Thomas Knoll）的父亲 Glenn Knoll 是密歇根大学教授，也是一个摄影爱好者，两个儿子托马斯和约翰从小就跟着爸爸玩，但约翰似乎对当时刚刚开始发行的个人计算机（PC）更感兴趣。此后托马斯也迷上了个人计算机，并在 1987 年买了一台苹果计算机（Mac Plus）用来帮助他写博士论文。

托马斯发现当时的苹果计算机无法显示带灰度的黑白图像，因此他自己写了一个程序 Display；而他的兄弟约翰当时在《星球大战》导演乔治·卢卡斯的电影特殊效果制作公司 Industry Light Magic 工作，对托马斯的程序很感兴趣。两兄弟在此后的一年多把 Display 不断修改为功能更为强大的图像编辑程序，经过多次改名后，在一个展会上他们接受一个参展观众的建议把程序改名为 Photoshop。此时的 Display/Photoshop 已经有图层、色彩平衡、饱和度等调整。此外，约翰还写了一些程序，后来成为插件（Plug-in）的基础。

他们第一次商业成功是把 Photoshop 交给一个扫描仪公司搭配卖，名字叫作 Barneyscan XP，版本是 0.87。与此同时，约翰继续在找其他买家，最终他们找到了 Adobe 的艺术总监 Russell Brown。Russell Brown 在当时已经在研究是否考虑另外一家公司 Letraset 的 ColorStudio 图像编辑程序。看过 Photoshop 以后，他认为 Knoll 兄弟的程序更有前途。1988 年 7 月，他们口头决定合作，而真正的法律合同到次年 4 月才完成。

合同里面的一个关键词是 Adobe 获取 Photoshop "license to distribute"，就是获权发行而不是买断所有版权。这为 Knoll 兄弟后来的发展奠定了基础。

20 世纪 90 年代初，美国的印刷工业发生了比较大的变化，印前（pre-press）计算机化开始普及。Photoshop 在版本 2.0 增加的 CMYK 功能使印刷厂开始把分色任务交给用户，一个新的行业——桌上印刷（desktop publishing, DTP）由此产生。

2. 软件优势

Photoshop 的应用领域广泛，主要有以下 4 大优势。

（1）利用 Photoshop 可以对图像进行多种编辑，如放大、缩小、旋转、倾斜、镜像、透视消除等。

（2）Photoshop 提供绘图使用的工具，短视频创作者可以使用这些工具将图像素材和原创手绘图像完美融合。

（3）Photoshop 提供特效制作功能，包括图像特效创意和特效字的制作。

（4）Photoshop 提供校色调色功能，短视频创作者可以对图像中的颜色进行明暗色偏的调整和校正。

3. 软件功能

（1）平面设计。平面设计是 Photoshop 应用最为广泛的领域，无论是我们正在阅读的图书封面，还是大街上看到的招贴、海报，这些具有丰富图像的平面印刷品，基本上都需要 Photoshop 软件对图像进行处理。

（2）修复照片。Photoshop 具有强大的图像修饰功能。利用这些功能，可以快速修复一张破损的老照片，也可以修复人脸上的斑点等缺陷。随着数码电子产品的普及，图形图像处理技术逐渐被越来越多的人所应用，如美化照片、制作个性化的影集、修复已经损毁的图片等。

（3）广告摄影。广告摄影作为一种对视觉要求非常严格的工作，其最终成品往往要经过 Photoshop 的修改才能得到满意的效果。广告的构思与表现形式是密切相关的，有了好的构思后需要通过软件来完成它，而大多数的广告是通过图像合成与特效技术来完成的。通过这些技术手段可以更加准确地表达出广告的主题。

（4）包装设计。包装作为产品的第一形象最先展现在顾客的眼前，被称为"无声的销售员"，只有在顾客被产品包装吸引并进行查阅后，才决定会不会购买，可见包装设计非常重要。

图像合成和特效的运用使产品在琳琅满目的货架上越发显眼，达到吸引顾客的效果。

（5）插画设计。Photoshop 使很多人开始采用计算机图形设计工具创作插图。计算机图形软件功能使他们的创作才能得到了更大的发挥，无论简洁还是繁复绵密，无论传统媒介效果，如油画、水彩、版画风格，还是数字图形无穷无尽的新变化、新趣味，都可以更方便、更快捷地完成。

（6）影像创意。影像创意是 Photoshop 的特长，通过 Photoshop 的处理可以将原本风马牛不相及的对象组合在一起，也可以使用"狸猫换太子"的手段使图像发生翻天覆地的变化。

（7）艺术文字。当文字遇到 Photoshop 处理，就已经注定不再普通。利用 Photoshop 可以使文字发生各种各样的变化，并利用这些艺术化处理后的文字为图像增加效果。利用 Photoshop 对文字进行创意设计，可以使文字变得更加美观，个性极强，使文字的感染力大幅加强了。

（8）网页制作。网络的普及是促使更多人需要掌握 Photoshop 的一个重要原因。因为在制作网页时 Photoshop 是必不可少的网页图像处理软件。

（9）后期修饰。在制作建筑效果图包括许多三维场景时，人物与配景包括场景的颜色常常需要在 Photoshop 中增加并调整。

（10）绘画。由于 Photoshop 具有良好的绘画与调色功能，许多插画设计制作者往往使用铅笔绘制草稿，然后用 Photoshop 填色的方法来绘制插画。

除此之外，近年来非常流行的像素画也多为设计师使用 Photoshop 效果图（5 张）创作的作品。同时 Photoshop 软件的强大功能使它在动漫行业有着不可取代的地位，从最初的形象设定到最后的渲染输出，都离不开它。

（11）处理三维贴图。在三维软件中，如果能够制作出精良的模型，而无法为模型应用逼真的贴图，也无法得到较好的渲染效果。在制作材质时，除了依靠软件本身具有的材质功能外，利用 Photoshop 还可以制作在三维软件中无法得到的合适的材质。

（12）婚纱照片设计。当前越来越多的婚纱影楼开始使用数码相机，这也使婚纱照片设计的处理越来越重要。

（13）视觉创意。视觉创意与设计是设计艺术的一个分支，此类设计通常没有非常明显的商业目的，但由于它为广大设计爱好者提供了广阔的设计空间，因此越来越多的设计爱好者开始学习 Photoshop，并进行具有个人特色与风格的视觉创意。视觉设计给观者以强大的视觉冲击力，引发观者的无限联想，给读者视觉上以极高的享受。这类作品制作的主要工具当属 Photoshop。

（14）图标制作。虽然使用 Photoshop 制作图标在感觉上有些大材小用，但使用此软件制作的图标的确非常精美。Photoshop 制作的图标的一般格式有 png、jpg、gif 等。

（15）界面设计。界面设计是一个新兴的领域，已经受到越来越多的软件企业及开发者的重视。当前还没有用于界面设计的专业软件，因此绝大多数设计者使用的都是该软件。

6.1.2 ▶ Photoshop 的使用

1. 工作界面

Photoshop 工作界面主要包含菜单栏、工具栏、选项栏、面板、工作区等，如图 6-2 所示。

2. 基础操作

（1）打开图像。单击页面左上方的"文件"菜单，选择"打开"命令，在弹出的对话框中选择需要编辑的图像，单击"打开"按钮即可打开图像，如图 6-3 所示。也可以直接通过 Ctrl+O 组合键打开该对话框，或者直接将图像文件拖曳至 PS 的工作区。

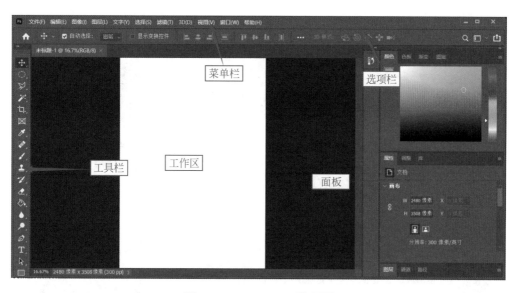

图 6-2　Photoshop 工作界面

图 6-3　打开图像

（2）编辑图像。单击页面上方的"图像"菜单，选择"图像大小"命令，在弹出的对话框中调整图像的高度、宽度等相关数据，如图 6-4 所示。也可以直接通过 Alt+Ctrl+I 组合键打开该对话框。

（3）调整视图。双击页面左侧工具栏中的"🔍"，可以调整图像的视图大小，如图 6-5 所示。也可以在按住 Alt 键的同时，滑动鼠标滚轮，以此调整图像的视图大小。需要注意的是，图像的视图大小对图像本身的像素不会有任何影响。

（4）保存图像。单击页面上方的"文件"菜单，选择"存储为"命令，在弹出的对话框中单击"保存在您的计算机上"按钮，如图 6-6 所示。更改文件名、存储类型和存储位置，单击"保存"按钮即可保存图像，如图 6-7 所示。也可以通过 Ctrl+S 组合键快速保存图像。

图 6-4 编辑图像

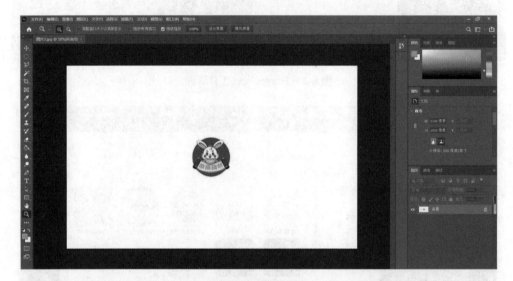

图 6-5 调整视图

图 6-6 单击"保存在您的计算机上"按钮

图 6-7　单击"保存"按钮

3. 常用功能

制作短视频时,常用的 Photoshop 图像处理功能主要有 3 项:抠图、消除、添加文字。

(1)抠图功能。Photoshop 中可以实现抠图效果的方式有许多,在此主要介绍"魔棒工具"和"快速选择工具"。

①"魔棒工具"。在色彩对比明显的图像中,可以使用"魔棒工具"单击需要删除的元素。例如,使用"魔棒工具"抠图,可以一键选择画面中的空白点,如图 6-8 所示。

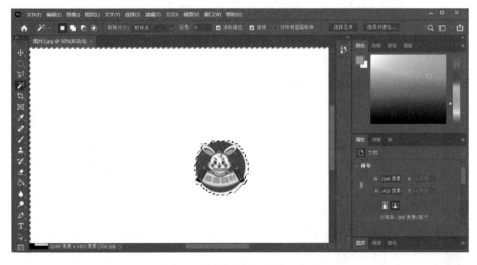

图 6-8　利用"魔棒工具"选取

②"快速选择工具"。处理色彩相对复杂的图像时,使用"快速选择工具"选择画

面中需要留下或删除的部分（按住左键不放开，移动选择）。图 6-9 所示为通过"快速选择工具"选择图像中需要截取的部分。

图 6-9　利用"快速选择工具"选取

（2）消除功能。利用套索工具删除图中的绿色三角形，方法如下。

① 利用 Photoshop 消除图像中不需要的元素时，可以使用"套索工具"。在左侧的工具栏中选择"套索工具"，如图 6-10 所示。

② 套选需要消除的元素。按住鼠标左键，沿着需要消除的元素边缘画线，如图 6-11 所示。

③ 选择"填充"命令。右击，在弹出的快捷菜单中选择"填充"命令，如图 6-12 所示。也可以通过 Shift+F5 组合键快速填充。

图 6-10　选择"套索工具"

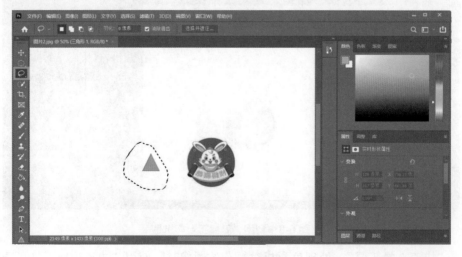

图 6-11　沿边缘画线

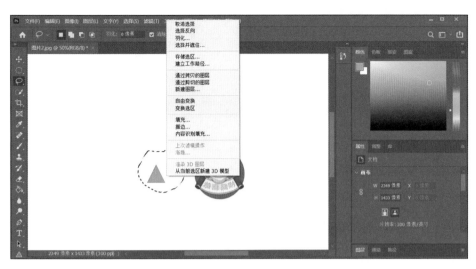

图 6-12 选择"填充"命令

④ 设置"填充"参数。在弹出的对话框中设置"内容"为"内容识别",进行参数设置,如图 6-13 所示。

⑤ 完成消除任务。完成"填充"参数设置之后,图像消除任务完成,图像中需要消除的元素消失,如图 6-14 所示。

(3)添加文字功能,具体步骤如下。

① 单击页面左侧工具栏中的"T"按钮,选择"横排文字工具",如图 6-15 所示。

图 6-13 选择"内容识别"

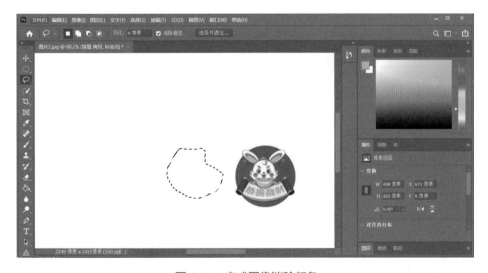

图 6-14 完成图像消除任务

② 按住鼠标左键,在图像上拖曳出文本框,释放鼠标左键后在文本框内输入文字,如图 6-16 所示。

③ 在页面上方的选项栏中调整字体、大小、颜色、对齐方式等,如图 6-17 所示。

图 6-15　选择"横排文字工具"

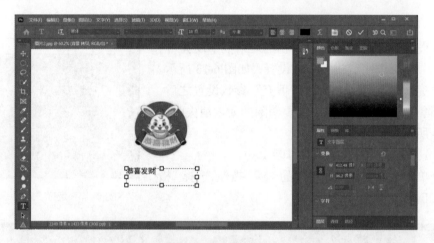

图 6-16　输入文字

图 6-17　调整字体、大小、颜色、对齐方式

④ 单击左侧工具栏中的"移动"按钮，改变文字位置，如图 6-18 所示。完成图像编辑后，保存文件即可。

图 6-18 改变文字位置

6.2 GifCam 软件

6.2.1 GifCam 基础知识

制作短视频时经常会用到 GIF 格式的动态图片,它可以丰富短视频内容的呈现方式。利用 GifCam 能够轻松录制 GIF 动图,对动图进行编辑、优化,甚至能够查看每一帧的画面,并对其进行删减和修改。GifCam 优势明显,操作步骤简单,软件图标如图 6-19 所示。GifCam 具有以下 6 大优势。

（1）GifCam 在录制过程中可以随意改变窗口的大小、位置。

（2）GifCam 的录制范围内的内容无变化时不增加新帧,只增加延时,不减小文件尺寸。

图 6-19 GifCam 软件图标

（3）GifCam 可以支持 3 种速率,可全屏录制,可设置是否捕获鼠标指针。

（4）GifCam 可删除帧,修改帧延时应添加文字。

（5）GifCam 提供了 6 种色彩质量保存方案。

（6）GifCam 软件是绿色软件,无广告,无绑定下载,即开即用。

6.2.2 GifCam 的使用

1. 操作说明

在使用 GifCam 时,短视频创作者通过拖曳录制窗口至需要录制的画面上进行录制,可随意放大或缩小录制窗口,以此改变录制画面的内容,如图 6-20 所示。

图 6-20　放大或缩小录制窗口

2. 操作步骤

（1）打开 GifCam，进入软件界面，拖动 GifCam 的边框选取要录制的动图范围，如图 6-21 所示。

（2）单击"录制"按钮即可开始录制，如图 6-22 所示。单击"停止"按钮（开始录制后，"录制"按钮会变为"停止"按钮）即可停止录制。

图 6-21　拖动边框选取录制动图范围

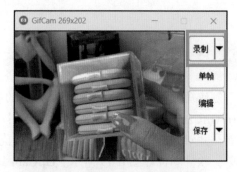

图 6-22　"录制"/"停止"按钮

（3）可选择"10FPS""16FPS""33FPS""全屏幕"等多种不同的录制方式，GifCam 还提供单帧录制功能，短视频创作者可以根据录制需求选择合适的录制方式，如图 6-23 所示。

图 6-23　选择录制方式

选择"自定义"后可以对 GIF 动图进行调速，调整参数可以变换图像速度，如图 6-24

所示。

（4）单击"编辑"按钮，对 GIF 动图进行编辑，如图 6-25 所示。

图 6-24　设置"自定义"参数

图 6-25　单击"编辑"按钮

（5）将鼠标指针移动至需要编辑的帧，右击界面，可以选择"删除此帧""添加文本""裁剪""添加反向帧"等操作，如图 6-26 所示。

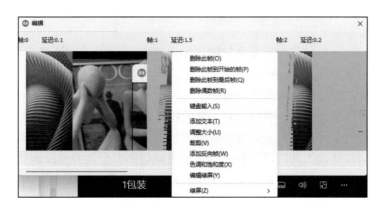

图 6-26　"删除此帧""添加文本""裁剪""添加反向帧"等操作

（6）完成编辑后，单击"保存"按钮对编辑的图像进行保存，如图 6-27 所示。

图 6-27　对编辑的图像进行保存

6.3 PhotoZoom 软件

6.3.1 PhotoZoom 基础知识

在进行设计时，常常要上网找一些图片素材，但是有时候我们找到的图片效果不尽如人意，图片风格符合设计要求的，可能图片太小，用 Photoshop 放大后，图片的色块

像素就出来了，效果极为不理想，就需要将图片进行无损放大（图片放大不失真）处理。PhotoZoom 是一款新颖的、技术上具有革命性的对数码图片无损放大的工具，其快捷方式如图 6-28 所示。该软件具备中文界面，这样上手就非常容易了。

如果想把数码照片放大看"清楚"点或去冲印，可以试试这个工具，通常的工具对数码照片进行放大时，总会降低图片的品质，而 PhotoZoom 软件使用了 S-SPLINE 技术，可以尽可能地提

图 6-28　PhotoZoom
快捷方式

高放大图片的品质。不过，再优秀的算法也无法凭空增加图像细节，这款软件也不例外。优秀的算法可以避免马赛克和失真，但也不要期望 200 万像素的照片能真的插值出 500 万像素的效果。

使用 Photozoom 可以将像素较低的图片无损放大，且图片边缘平整。剪辑图片素材，或设计短视频封面图时，PhotoZoom 都是不二法宝。

PhotoZoom 主要有以下六大优势。

（1）内置多种预设模式，可以满足不同的图片调整需求。

（2）放大后的图片可以最大限度地维持图片的原貌，降低图片的失真并减少噪点。

（3）利用高级微调工具，可以创建属于短视频创作者个人的预设调整方法。

（4）可以一键实现多幅图片的批量大小转换。

（5）不同的大小调整效果可以在一个窗口中同时浏览。

（6）"清脆度"和"鲜艳度"的功能可以实现更完美的图片放大效果。

6.3.2 PhotoZoom 的使用

1. 操作说明

PhotoZoom 采用优化算法，可以对图片进行高质量放大，经过它的处理，分辨率小、严重失真的图片都能正常使用。PhotoZoom 操作界面如图 6-29 所示。

2. 操作窗口

PhotoZoom 的操作窗口可以分为 8 个功能区，如图 6-30 所示。

图 6-29　PhotoZoom 操作界面

图 6-30　PhotoZoom 功能区

（1）"原始图像"。显示原始图片的信息，包括大小、分辨率等，拖动矩形框可以预览图片的不同部分。

（2）"新尺寸"。设置调整后图片的"宽度""高度""分辨率""宽高比"等参数。

（3）"调整大小的方式"。可以从下拉列表中选择方式，一般默认值是"S-Spline Max"，用它可以实现最佳的图片处理效果。选择不同的预设，会出现不同的微调参数。

（4）"调整大小配置文件"。单击"调整大小配置文件"按钮，可以选择、添加和管理自己的调整大小配置文件。

（5）导航、选择、裁剪、翻转和旋转。由左至右依次是导航工具、选择工具、裁剪工具、水平翻转、垂直翻转、逆时针 90°旋转、顺时针 90°旋转。使用导航工具可以在预览窗口中拖动图像以预览所需部分。使用选择工具可以选择图片的某一部分。使用裁剪工具可以将选定的图片部分裁剪出来。

（6）分屏预览。可以将预览窗口分成不同的部分，以不同的方式预览修改前后图片的对比效果。

（7）预览缩放。可在下拉列表中选择不同的比例参数，在预览窗口中放大和缩小图片。

（8）预览窗口。预览图片的放大效果及调整前后的对比效果图。

3. 操作步骤

PhotoZoom 的操作步骤简单，可以快速上手，如图 6-31 所示。

（1）启动软件。单击"打开"按钮，选择一张想要调整大小的图片。

（2）填入调整尺寸。调整尺寸即想要将原始图片放大至多少尺寸，可以选用像素、百分比、厘米 / 英寸等作为单位，根据自身喜好随意选择。

（3）选择调整大小的方式。在下拉列表中选择"S-Spline Max"。

（4）选择预设。在下拉列表中选择"照片超精细"选项。

（5）保存图片。单击"保存"按钮，保存放大后的图片。

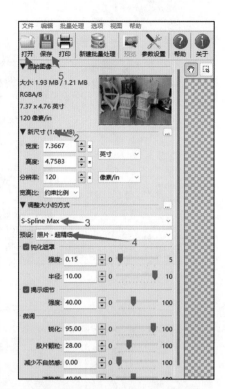

图 6-31　PhotoZoom 操作步骤

任务实训：　使用 Photoshop 制作封面图

在修改图片大小时一般会选择裁剪工具，下面简单介绍裁剪工具的使用方法。

（1）启动 Photoshop 软件，选择"打开"命令，如图 6-32 所示，弹出"打开"对话框，在"打开"对话框中找到需要剪裁的图片。

图 6-32　选择"打开"命令

（2）选中图片后单击右下角的"打开"按钮即可打开图片，如图 6-33 所示。

图 6-33　打开图片

（3）选择工具箱中的"裁剪工具"，如图 6-34 所示。

图 6-34　选择"裁剪工具"

（4）在工具选项栏设置宽度和高度，如图 6-35 所示。

图 6-35　设置图片宽度和高度

（5）在剪裁框的区域中双击即可完成剪裁，如图 6-36 所示。

图 6-36　完成剪裁

（6）选择"文件"菜单，在下拉菜单中选择"存储为"命令，单击"保存在您的计算机上"按钮，如图 6-37 所示。

图 6-37　单击"保存在您的计算机上"按钮

（7）单击"另存为"按钮，弹出"另存为"对话框，选择相应的文件格式，单击"保存"按钮，如图 6-38 所示。

图 6-38　"另存为"对话框

第 7 章
综合实战：抖音短视频制作

 知识目标

（1）掌握抖音短视频的制作方法。

（2）掌握 Premiere 软件的使用方法。

 思维导图

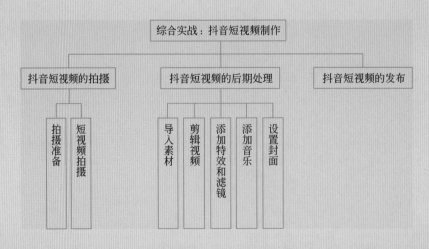

7.1　抖音短视频的拍摄

7.1.1　拍摄准备

1. 短视频的策划

首先需要通过数据网站查看旅游类短视频的用户画像，包括用户的性别分布、地域分布和年龄分布等。在抖查查官网中查看最近一个月旅游达人账号的粉丝画像，然后根据粉丝画像进行用户定位。

2. 明确短视频内容

明确了主要用户的相关信息后，就可以根据用户的特征和需求进行分析，明确本短视频的具体内容，具体操作步骤如下。

（1）根据用户定位，可以得出这类用户观看旅游类短视频的目的主要有两个：一是欣赏美景，获得美的享受，从而放松和愉悦身心，同时也可以打发空闲时间，满足心理需求；二是从这些短视频中学习旅游攻略，积累经验知识。因此，本短视频选择制作"草原一日游"的 Vlog，既能从风景上给予用户视觉享受，也能满足用户的休闲需求。在短视频中简单介绍景区的一些基本情况，为想去该景区的用户提供一些实际的帮助，这也满足了用户的实用需求。

（2）确定内容的风格。旅游类短视频内容的风格比较固定，特别是旅游攻略类的短视频通常以生活 Vlog 为主。为更适合新手操作，这个短视频以具体的拍摄和制作为主，整个短视频拍摄简单且制作成本很低，而且拍摄的素材内容不需要太多，只需拍摄一些重要画面进行剪辑组合即可。

（3）确定短视频的内容形式。几乎所有旅游类短视频都是真人、肢体或语音为主的形式，考虑到制作成本和团队的问题，所以这个短视频的内容形式将以一日旅行的流程为主。

3. 搭建短视频团队

由于这个短视频的内容以拍摄草原风景为主，因此为保证短视频拍摄内容的连贯性和拍摄风格的一致性，选择组建一人的低配团队。内容创作者需要独立完成前期准备、脚本撰写、拍摄和剪辑，以及发布和推广的所有工作。另外，为保证短视频能够获得足够的视频素材，内容创作者可以通过其他方式获得视频素材，如网上下载。

4. 撰写短视频拍摄提纲

由于这个短视频是以草原风景为主要内容，并不涉及真人出镜，没有太多的剧情，也不涉及文学创作，所以脚本类型可以选择拍摄提纲。这个短视频的内容主要是介绍到某个风景区游览的游记 Vlog，所以，各个镜头的使用也主要以游记的流程为主，拍摄提纲如表 7-1 所示。

表 7-1　拍摄提纲

提 纲 要 点	提 纲 内 容
主要内容	游览草原风光
去草原的路上	在车上拍摄一段行驶的视频
看草原风景	拍摄草原上的风景
休息、中午吃饭	介绍休息和吃饭的一些注意事项
乘马车	拍摄沿途风景
住宿	介绍住宿条件
晚上活动	拍摄一些活动素材
结尾	介绍短视频剪辑的一些信息内容

需要注意的是，拍摄的视频素材应该以提纲内容为主，包含提纲中的所有内容，当然也可以拍摄一些比较漂亮的风景图片或者特别的画面，以丰富短视频的内容。剪辑时，内容创作者可以将提纲要点作为镜头顺序进行剪辑，依次添加需要的背景音乐和各步骤的文字，注意事项可以通过醒目的文字展示给观众。

7.1.2　短视频拍摄

短视频的拍摄比较简单，首先需要选择一种拍摄工具，并准备一些相关的设备，然后设置拍摄的尺寸、大小、景别和构图等，最后进行短视频拍摄。

1. 准备拍摄工具

其实拍摄游记最好使用单反相机，但考虑到很多短视频新手都使用智能手机，所以这里还是选择比较常见的手机作为拍摄设备。准备拍摄工具的具体操作步骤如下。

（1）将手机充满电，并准备一个充满电的充电宝。

（2）选择一张专业的镜头纸，擦拭手机的镜头与手机屏幕。

（3）查看手机的存储空间是否足够。在手机主界面上点击"设置"图标，打开手机的"设置"界面，选择"存储"选项。

（4）打开手机的"存储"界面，选择"内部存储"选项。

（5）打开手机的"内部存储"界面，查看手机的存储空间是否足够。如果存储空间不足，可以卸载占用存储空间较大的 App，清理其占用的存储空间，确保手机有足够的存储空间。

（6）由于拍摄季节为夏天，为防止汗水模糊镜头或手机屏幕，以及手机过热等情况，可以准备湿纸巾，并使用自拍杆或稳定器。

2. 拍摄前的设置和准备

接下来就在手机中设置拍摄短视频的尺寸和大小，并进行景别、运镜方式和构图等方面的设置，为拍摄短视频做最后的准备工作，具体操作步骤如下。

（1）打开手机的"录制视频"界面，在其中可以选择拍摄短视频的大小和尺寸，这里选择"1080p HD 60fps"选项。

（2）确定景别。由于拍摄的对象是风景和小动物，所以景别主要以远景为主。

（3）确定运镜方式。通常使用第一视角，并通过移和跟等方式进行拍摄。

（4）确定构图方式。比较适合风景类短视频的构图方式通常是中心构图，因此本项目也使用中心构图。

（5）调整手机显示屏的亮度。这里用手指从主界面底部向上滑动，打开手机的控制中心界面，向上滑动"亮度"调整块，将亮度值调整到最大。

（6）根据短视频拍摄环境的光线情况，调整对焦和亮度。

3. 进行短视频拍摄

根据撰写的提纲脚本拍摄短视频，注意在拍摄过程中至少需要拍摄 7 个与提纲中的要点对应的视频，或者拍摄 10 个与提纲内容相对应的视频，再拍摄一些风景图片。如果拍摄时没有使用支架进行手机的固定，最好在拍摄前进行对焦，并进行曝光补偿的设置。

7.2　抖音短视频的后期处理

下面将拍摄的旅游视频素材制作为短视频。将拍摄的视频素材导入剪映中，然后利用智能剪辑功能剪辑"草原一日游"短视频。其操作方法是，首先导入素材并对其进行剪辑，然后添加特效、滤镜、贴纸等元素，接着为其搭配合适的背景音乐，制作完成后发布上传作品。

7.2.1　导入素材

步骤 1：打开抖音，点击"抖音创作"按钮，进入操作界面，如图 7-1 所示。

步骤 2：进入素材选取界面，如图 7-2 所示。

步骤 3：在"图片视频"面板下依次选择"素材 1"至"素材 6"，点击"添加"按钮，即可导入素材。

7.2.2　剪辑视频

步骤 1：导入素材后在素材剪辑界面中选择"普通模式"，然后在底部片段选择区选中"素材1",进入"单段编辑"界面,如图7-3所示。

图7-1　抖音操作界面　　　　图7-2　素材选取界面　　　　图7-3　"单段编辑"界面

　　步骤2:在"单段编辑"界面中拖动左侧"滑块",截取"素材1"片段1秒,再点击"素材1"退出"单段编辑",即可完成该段剪辑,如图7-4所示。

　　步骤3:选中"素材2",在"单段编辑"界面中拖动左侧"滑块",截取"素材2"片段2秒,再点击"素材2"退出"单段编辑",即可完成截取草原美景剪辑,如图7-5所示。

　　步骤4:选中"素材3",在"单段编辑"界面中拖动左侧"滑块",截取"素材3"片段2秒,再点击"素材3"退出"单段编辑",即可完成截取午餐献歌的片段,如图7-6所示。

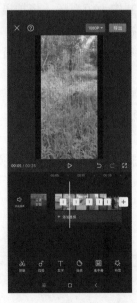

图7-4　截取"素材1"片段　　　图7-5　截取"素材2"片段　　　图7-6　截取"素材3"片段

步骤 5：选中"素材 4"，在"单段编辑"界面中拖动左侧"滑块"，截取"素材 4"片段 2 秒，再点击"素材 4"退出"单段编辑"，即可完成截取乘坐马车的片段，如图 7-7 所示。

步骤 6：选中"素材 5"，在"单段编辑"界面中拖动左侧"滑块"，截取"素材 5"片段 2 秒，再点击"素材 5"退出"单段编辑"，即可完成住宿条件展示的片段，如图 7-8 所示。

步骤 7：选中"素材 6"，在"单段编辑"界面中拖动左侧"滑块"，截取"素材 6"片段 5 秒，再点击"素材 6"退出"单段编辑"即可完成篝火晚会展示的片段，如图 7-9 所示。所有素材剪辑完成后，总时长控制在 15 秒以内。

图 7-7　截取"素材 4"片段　　　图 7-8　截取"素材 5"片段　　　图 7-9　截取"素材 6"片段

7.2.3　添加特效和滤镜

步骤 1：在编辑界面右侧点击"特效"按钮，如图 7-10 所示，进入特效界面。

步骤 2：在特效界面中将滑块拖至形驶路上的画面，然后在"基础"面板中按住"星星变焦"为该段画面添加"星星变焦"特效，如图 7-11 所示，设置参数如图 7-12 所示。

步骤 3：在素材午餐献歌处添加滤镜，如图 7-13 和图 7-14 所示。

步骤 4：在编辑界面中点击"调节"按钮，以调整画面亮度、对比度、饱和度、光感、锐化、HSL、曲线、高光、阴影、色温色调、褪色、暗角和颗粒，如图 7-15 所示。完成后点击"√"按钮完成编辑。

步骤 5：使用以上方法为其他素材添加特效和滤镜。

图 7-10 点击"特效"按钮

图 7-11 添加特效

图 7-12 设置参数

图 7-13 点击"滤镜"按钮

图 7-14 选择滤镜

图 7-15 调整参数

7.2.4 添加音乐

步骤 1：点击编辑界面上方的"选择音乐"按钮，在打开的"配乐"面板中选择"音乐"，如图 7-16 所示，进入"添加音乐"界面，在当前界面选择歌曲作为背景音乐，如图 7-17 所示。

步骤 2：在"配乐"面板中点击"剪切"按钮，打开配乐编辑界面，在该界面中将音频向左拖动，设置背景音乐从第 1 秒始，然后点击"确定"按钮，返回上一级界面，如图 7-18 所示。

图 7-16　点击"选择音乐"按钮　　图 7-17　选择歌曲作为背景音乐　　图 7-18　点击"剪切"按钮

步骤 3：切换至"音量"面板，调整音量，如图 7-19 所示。

步骤 4：切换至"淡化"面板，调整淡入时间为 1 秒，如图 7-20 所示。

图 7-19　调整音量　　　　　　　　　图 7-20　调整淡入时间

7.2.5　设置封面

步骤1：背景音乐设置完成后，返回编辑界面并点击"设置封面"按钮，进入"发布"界面，如图7-21所示。

步骤2：点击"封面模板"按钮，选择模板并调整位置，如图7-22所示。

图7-21　点击"设置封面"按钮

图7-22　点击"封面模板"按钮

步骤3：点击"保存"按钮，如图7-23所示。

步骤4：点击"导出"按钮即可导出视频，如图7-24所示。

图7-23　点击"保存"按钮

图7-24　导出视频

7.3 抖音短视频的发布

下面将前面剪辑好的《旅游日记》短视频发布到抖音短视频平台。

（1）导出短视频后，选择分享视频到"抖音"，如图 7-25 所示。

（2）点击"下一步"按钮，如图 7-26 所示。

图 7-25　点击"抖音"按钮　　　　　　图 7-26　点击"下一步"按钮

（3）进入"发布"界面，在"添加作品描述"栏中输入"风吹草低见牛羊"，如图 7-27 所示。

（4）点击"添加话题"按钮，在搜索框中输入"旅行"，然后选择"# 旅行"话题，点击"完成"按钮，为该短视频添加话题，如图 7-28 所示。

图 7-27　添加作品描述　　　　　　图 7-28　添加话题

（5）点击"好友"按钮，进入"@好友"界面，选择"克什克腾旗文化旅游体育局"，将其添加到话题后面，如图 7-29 所示。

（6）点击"发布"按钮，抖音短视频平台将对该短视频进行审核，审核通过即可将该短视频发布到平台中，如图 7-30 所示。

图 7-29　@好友

图 7-30　点击"发布"按钮

任务实训：　制作一个日常的 VIog

（1）自己设计制作一个记录日常的 VIog，并将其发布到抖音短视频平台。

（2）设计制作一个剧情类短视频（如找两个好友拍摄一段搞笑短视频），要求组建两个人或两个人以上的制作团队，分别负责脚本创作、拍摄和剪辑等不同的工作。

（3）设计制作一个短视频，按照前期策划、脚本撰写、视频拍摄、视频剪辑和发布这 5 个流程进行制作，要求使用剪映进行剪辑。

第 8 章
综合实战：商品短视频制作

 知识目标

（1）熟悉商品短视频的拍摄方法。

（2）掌握商品短视频的后期处理与发布方法。

 思维导图

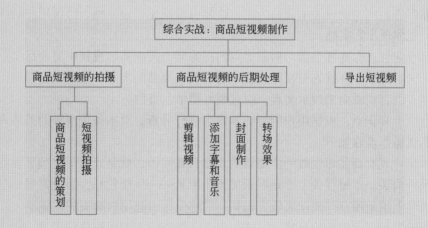

8.1 商品短视频的拍摄

8.1.1 商品短视频的策划

商品短视频的策划通常包括用户定位、内容定位、团队搭建和脚本设计这4项具体内容，本章主要是策划一条商品介绍的短视频，选择的内容领域为干货类，内容的形式以肢体为主，团队为两个人（一个肢体出镜，一个负责拍摄和制作），最后撰写一个拍摄提纲。

1. 明确短视频的内容

商品短视频的本质是一种生活消费类短视频，其主要内容是通过短视频体现商品卖点、功能亮点、用法技能技巧、购物经验等，有效刺激用户消费，并在一定程度上提升用户的消费满足感。简单地说，一条优质的商品短视频除了满足普通短视频都能够满足的用户需求外，还需要具备人格化、真实感和专业性这3个特性。

（1）人格化。人格化的意思是让短视频的用户有场景代入感，简单来说，就是让用户有一种站在现场听讲解或观看商品实物的感受。首先，这就需要短视频的清晰度足够高，让用户在短视频中所看到的商品与真实商品一致。其次，就是不能只展示商品，而是要从商家、达人或用户的某个角度出发介绍商品、用法或技能。

（2）真实感。商品短视频通常需要将商品完整地展示给用户，因此必须突出真实感，这样才能拉近与用户之间的距离。因此，内容创作者通常会在淘宝短视频开头和结尾处插入商品广告，内容则以展示商品为主，这样可以避免广告生硬，舒缓用户对广告的排斥心理，也体现出真实感。

（3）专业性。专业性是指对商品卖点的提炼能力，商品短视频中对商品卖点的表达是短视频内容的核心。首先短视频内容中需要明确商品的卖点，然后在短视频内容中要通过肢体、语言或画面来展示卖点，而且最好简单、直白。

综合以上知识点，根据用户的特征和需求进行分析，对本条短视频的具体内容进行定位，具体操作步骤如下。

（1）用户观看商品短视频的主要目的大多只有一个，就是通过短视频了解商品，然后决定是否购买。本短视频主要是展示美妆小工具——气垫粉扑，因此需要从气垫粉扑的主要内容上给予用户"能让底妆更服帖"的感受，引起用户购买的欲望。

（2）确定短视频内容的风格和形式。商品短视频的内容风格比较固定，通常以商品展示为主，并在展示过程中加入一些简单剧情或者真人、肢体的内容。为更适合短视频新手，本条短视频的内容形式将以商品本身为主，这样制作简单且成本很低，用很短的时间就可以拍摄并制作出足够好几期播放的短视频。

2. 搭建短视频团队

本条短视频的内容是以展示商品为主，为保证拍摄内容的连贯性和拍摄风格的一致性，这里组建的是两个人的团队：一个人负责前期准备、脚本撰写、灯光和装备、拍摄和剪辑，以及发布和推广等短视频的大部分制作工作；另一个人负责短视频中图书展示的手部出镜部分。

3. 撰写短视频拍摄提纲

由于本条短视频是以展示商品为主要内容，没有剧情，所以脚本类型可以选择拍摄提纲。主要内容是展示商品的内容和丰富的赠品，所以各个镜头也主要按照商品展示的流程进行，拍摄提纲如表 8-1 所示。

表 8-1　"气垫粉扑"短视频拍摄提纲

提纲要点	提 纲 内 容
主要内容	展示气垫粉扑的外观和使用功能
包装展示	气垫粉扑的外包装盒
展示产品外观	气垫粉扑的厚度和细节
与其他产品对比	对比其他品牌的气垫粉扑
质量展示	展示粉扑的吸水性
使用展示	展示粉扑的使用方法

需要注意的是，由于是商品短视频，所以需要在剪辑时制作封面图片。封面图片主要是商品海报，可在其中加入商品价格和主要卖点。封面图片可以使用 Photoshop 等软件进行制作。通常淘宝短视频没有结尾，但也可以用商品海报作为结尾，应注意不要与封面图片一样。

8.1.2　短视频拍摄

短视频的拍摄比较简单，首先需要准备拍摄工具，其次进行拍摄前的设置和准备，如构图和布光灯等，最后选择三脚架来固定手机进行短视频拍摄。

1. 准备拍摄工具

本实战同样选择比较常见的拍摄设备，还准备了三脚架、布光灯和静物台等，具体操作步骤如下。

（1）用专业的镜头纸擦拭手机的镜头，然后擦拭手机屏幕

（2）给手机充满电，并准备一个充满电的充电宝。

（3）在手机主界面中点击"设置"图标查看手机的存储空间是否足够。

（4）为保证视频拍摄的稳定性，本实战还为手机准备了一个三脚架，尽可能选择重的三脚架，在同等价位中重一点的三脚架的稳定性更好。

（5）准备一盏 600W 的布光灯，并准备一个柔光板和一个反光板。

（6）准备一张办公桌，在上面铺上一层桌布，这里选择灰色的桌布。

2. 拍摄前的设置和准备

在手机中设置拍摄短视频的尺寸和大小，并进行景别、运镜方式、构图和布光的设置，为拍摄短视频做好准备工作，具体操作步骤如下。

（1）打开手机的"录制视频"界面，选择拍摄短视频的尺寸和大小，这里选择"1080p HD60fps"选项。

（2）确定景别。由于拍摄对象是日用商品，需要将图书清晰地展示给用户，所以本条短视频中的景别主要以特写和近景为主。

（3）确定运镜方式。本条短视频主要使用第一视角，并采用俯视的方式进行拍摄。

（4）确定构图方式。中心构图比较适合商品展示类短视频的拍摄构图方式，因此本条短视频也使用这种构图方式。

（5）进行布光，如图 8-1 所示。这样的布光可以基本呈现商品细节，整体也会有较好的明暗效果。

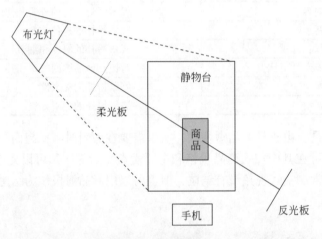

图 8-1　拍摄布光

（6）根据拍摄环境的光线情况，调整摄像的对焦和亮度。

3. 进行短视频拍摄

由于是固定镜头，因此可以使用一镜到底的方式进行拍摄，也就是说从拿出商品展示外观开始，一直拍摄到短视频的最后，具体内容的取舍由剪辑人员决定。需要注意的是，拍摄过程中内容创作者要根据拍摄提纲的要点来进行拍摄，并且所有的要点都必须呈现在视频素材中。

8.2　商品短视频的后期处理

本实战需要将拍摄的视频素材制作成商品短视频，并按照前面撰写的脚本，将拍摄的视频素材导入 Premiere 中，然后将其剪辑为《气垫粉扑》短视频，主要操作包括通过入点和出点剪切视频素材、添加字幕、添加音乐、添加封面图片、设置转场，以及导出短视频等。

8.2.1　剪辑视频

首先通过入点和出点将多余的视频素材删除，具体操作步骤如下。

（1）启动 Premiere，在菜单栏中依次选择"文件"→"新建"→"项目"命令，打开"新建项目"对话框，在"名称"文本框中输入"气垫粉扑"。单击"位置"下拉列表框右侧的"浏览"按钮，打开"请选择新项目的目标路径"对话框，在其中选择一个保存新建视频项目的文件夹。单击"选择文件夹"按钮，返回"新建项目"对话框，单击"确定"按钮，展开 Premiere 的操作界面和编辑区，如图 8-2 所示。

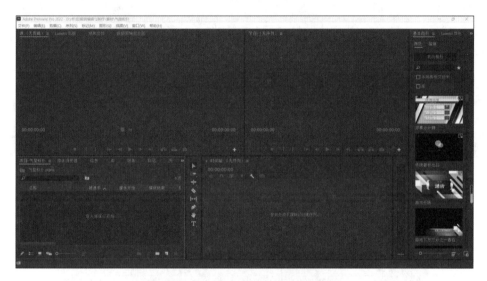

图 8-2　Premiere 的操作界面和编辑区

（2）在功能区中单击"编辑"功能按钮，双击"项目"面板的空白处，打开"导入"对话框，选择保存视频素材的文件夹，选择视频素材（配套资源：素材文件第 8 章），单击"打开"按钮，将该视频素材导入"项目"面板中，如图 8-3 所示。

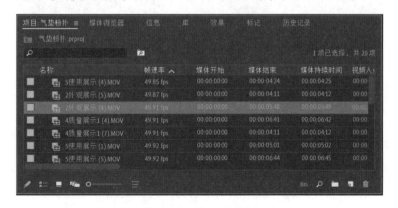

图 8-3　导入视频素材

（3）在"项目"面板中双击导入的视频素材，将其显示到"源"面板中，然后在"源"面板下面的时间轴中拖曳时间指针到相应位置，在下面的工具栏中单击"标记入点"按钮。再次拖曳时间指针到相应位置，在下面的工具栏中单击"标记出点"按钮，然后将剪切的视频素材拖曳到"时间轴"面板中，如图8-4所示。

（4）用同样的方法剪切其他视频素材，并导入时间轴，如图8-5所示。

图8-4　将素材拖曳到"时间轴"面板中

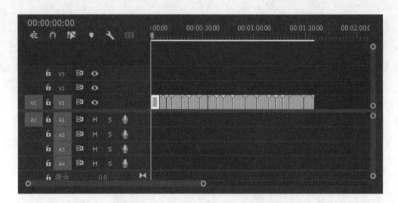

图8-5　将所有素材导入时间轴

8.2.2　添加字幕和音乐

1. 添加字幕

（1）在"时间轴"面板中选择第1个视频片段，然后在左侧的工具栏中单击"文字工具"按钮。在"节目"面板的视频画面中选择不遮挡商品的位置双击插入文本框，并输入"气垫粉扑"。在工具栏中单击"选择工具"按钮，在"节目"面板中选择该文本框。在功能区中单击"效果"功能按钮，展开"效果控件"面板，在下面的"字体"下拉列表框中选择一种字体样式，并调整位置和大小，如图8-6所示。

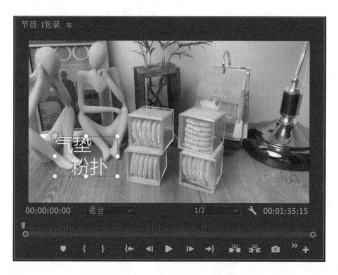

图8-6 为第1个视频片段添加字幕

（2）在"时间轴"面板中拖曳字幕编辑条来调整字幕显示的时长，使其与第一个视频片段的时长一致，如图8-7所示。

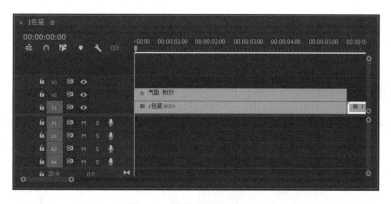

图8-7 调整字幕显示时长

（3）将标记移到字幕的初始位置，在"效果控件"面板中的"位置"选项处添加一个关键帧，位置参数设为1920.0 270.0；将标记移到字幕的结束位置，位置参数设为1920.0 1080.0（此时自动生成第二个关键帧），如图8-8所示，完成字幕移动动画的设置。

（4）用同样的方法为第2~6个视频片段添加字幕"容量丰富，随心换"，调整文本框大小和位置，并调整时长与素材片段对应，如图8-9所示。

（5）用同样的方法为第8和第9个视频片段添加字幕"产品升级，更贴心"，字幕时长应与这个视频片段的时长一致，如图8-10所示。

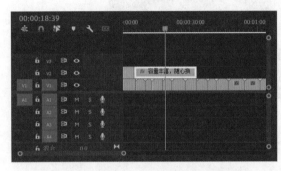

图 8-8　制作字幕移动动画

图 8-9　为第 2~6 个视频片段添加字幕  图 8-10　为第 8 和第 9 个视频片段添加字幕

（6）用同样的方法为第 10~15 个视频片段添加字幕输入"轻盈有弹性，可干湿两用"，字幕时长应该与这个视频片段的时长一致，如图 8-11 所示。

（7）用同样的方法为第 16~18 个视频片段添加字幕"均匀底妆，不吃粉"，字幕时长应该与这个视频片段的时长一致，如图 8-12 所示。

图 8-11　为第 10~15 个视频片段添加字幕　　图 8-12　为第 16~18 个视频片段添加字幕

2. 添加背景音乐

下面关闭视频素材的原音，并为其添加背景音乐，具体操作步骤如下。

（1）双击"项目"面板的空白处，打开"导入"对话框，选择音频素材，这里选择"背景音乐 .mp3"文件（配套资源：素材文件 \ 第 8 章 \ 背景音乐 .mp3），单击"打开"按钮，将该音频素材导入"项目"面板中，如图 8-13 所示。

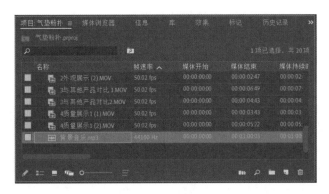

图 8-13　导入音乐素材

（2）将该音频素材拖曳到"源"面板中，由于该音频素材的音乐时长较长，需要对其进行调整，如图 8-14 所示。

（3）再次拖曳音频素材到"时间轴"面板中，将鼠标指针移动到音频素材的最右侧，当其变成红色括号形状时向左侧拖曳，使该音频素材的时长与短视频的时长相同，如图 8-15 所示。

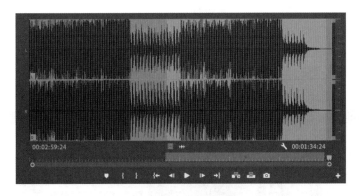

图 8-14　剪裁音频

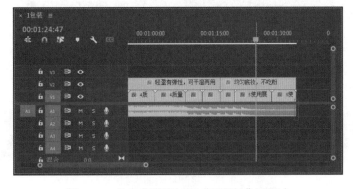

图 8-15　拖曳音频素材到"时间轴"面板中

8.2.3 封面制作

下面为短视频添加封面图片，具体操作步骤如下。

（1）双击"项目"面板的空白处，打开"导入"对话框，选择"封面.png"图片（配套资源：\素材文件\第8章\封面.png）。单击"打开"按钮，将该图片导入"项目"面板，如图8-16所示。

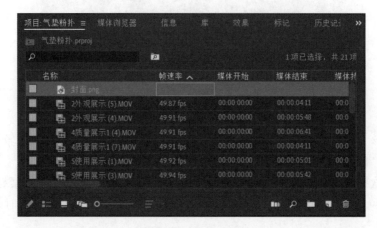

图 8-16　导入图片

（2）将该图片拖动到"节目"面板中，"节目"面板将展示不同的插入选项。这里将图片拖曳到"此项前插入"或者"插入"选项中，即可将图片添加为封面，如图8-17所示。

图 8-17　将图片添加为封面

（3）在"源"面板中单击"效果控件"选项卡，在展开的"视频效果"工具栏中将"缩放"参数设置为"450.0"，放大图片，如图8-18所示。

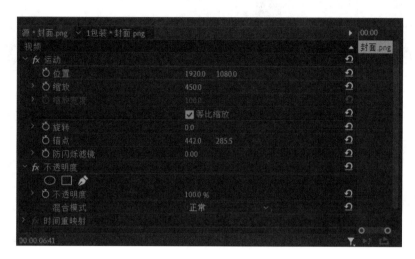

图 8-18 放大图片

（4）在"时间轴"面板中选择封面图片后右击，选择"剪辑速度 / 持续时间"，更改为 00：00：01：00，然后将所有的视频片段、字幕和音频编辑条都依次向左侧拖曳，如图8-19所示。

图 8-19 更改"剪辑速度 / 持续时间"

8.2.4 转场效果

下面为短视频中各个片段添加转场特效，具体操作步骤如下。

（1）在"时间轴"面板中将鼠标指针定位到第1个视频片段的结尾位置后右击。在弹出的快捷菜单中选择"应用默认过渡"命令，设置默认的"交叉溶解"转场特效，如图8-20所示。

（2）用同样的方法为所有视频片段添加默认过渡的转场特效。

图 8-20 "应用默认过渡"命令

8.3 导出短视频

导出短视频的具体操作步骤如下。

（1）在菜单栏中依次选择"文件"→"导出"→"媒体"命令，打开"导出设置"对话框，如图 8-21 所示。

图 8-21 打开"导出设置"对话框

（2）在"导出设置"对话框右侧窗格"导出设置"栏的"格式"下拉列表框中选择"H.264"选项。单击输出名称后对应的超链接，打开"另存为"对话框，在其中设置导出短视频的名称和保存位置，如图 8-22 所示。

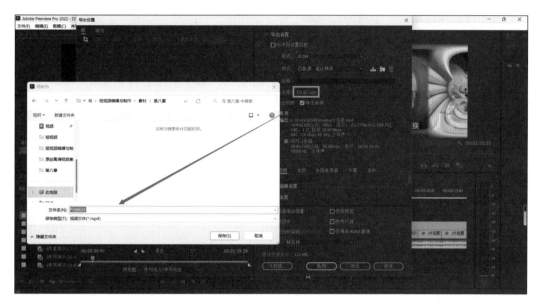

图 8-22　设置导出短视频的名称和保存位置

（3）单击"保存"按钮，返回"导出设置"对话框，单击"导出"按钮，Premiere 将导出剪辑好的短视频，完成导出操作，如图 8-23 所示。

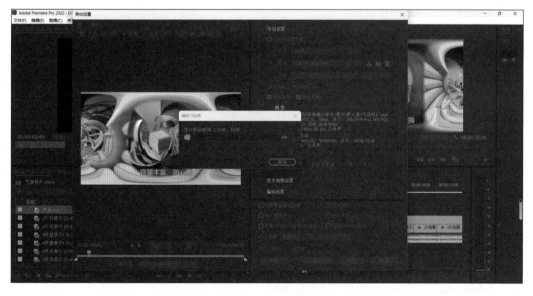

图 8-23　导出视频

任务实训： 制作一条商品短视频

（1）自己设计制作一条商品短视频。

（2）要求组建两个人或两个人以上的制作团队，分别负责脚本创作、拍摄和剪辑等不同的工作。

（3）设计制作一条商品短视频，按照前期策划、脚本撰写、视频拍摄、视频剪辑4个流程进行制作，要求使用 Premiere 进行剪辑。

第 9 章
短视频的发布与推广

 知识目标

（1）熟悉短视频发布时间与发布技巧。

（2）掌握短视频的推广方法。

 思维导图

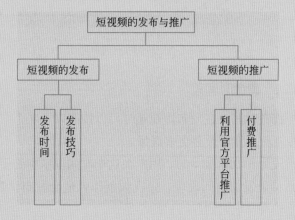

9.1　短视频的发布

9.1.1　发布时间

中国互联网络信息中心（CNNIC）发布的最新数据显示，2018—2022年，我国短视频用户规模持续增长。2022年上半年，短视频的用户规模增长明显，较2021年12月增长2805万至9.62亿人，增长率达3.0%，带动网络视频的使用率增长至94.6%。随着用户规模的进一步增长，短视频与新闻、电商等产业融合加速，信息发布、内容变现能力逐渐增强，市场规模进一步扩大。

短视频对用户生活场景的渗透持续加强，在娱乐化媒介生态中地位稳步提升，与其他媒介形态相比，短视频黏合起用户的碎片时间。从2021年中国短视频用户观看场景来看，选择在"平时休闲时"观看的短视频用户仍居首位，占比升至71.4%；六成以上用户将看短视频作为睡前放松行为，如图9-1所示。

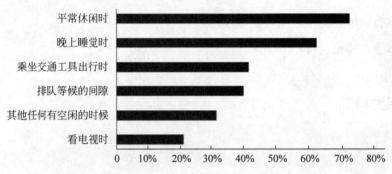

图 9-1　2021 年中国短视频用户观看场景占比情况

1. 发布短视频的"黄金时间段"

根据用户观看短视频时间，在发布短视频时可以按照以下4个"黄金时间段"的特征发布不同类型的短视频，能够收获更多流量。

（1）第一个时间段为6∶00—8∶00。用户在这个时间段基本处于起床前后、上班或上学途中。在早晨精神焕发的时间段里，短视频创作者适合发布早餐美食类、健身类、励志类短视频，这比较符合该时间段用户的心态。

（2）第二个时间段为12∶00—14∶00。这个时间段中，无论是学生还是上班族，大多处于休息的状态。在相对无聊的午休时间里，用户会选择浏览自己感兴趣的内容。短视频创作者在这个时间段适合发布剧情类、幽默类短视频，使用户能够在工作和学习之余得到放松。

（3）第三个时间段为 18：00—20：00。这个时间段是大多数用户放学或下班后的休息时间，大部分人在忙碌一天之后都会利用手机打发时间，这一时间段也是短视频用户数非常集中的时候。因此，几乎所有类型的短视频都可以在这个时间段里发布，尤其是创意剪辑类、生活类、旅游类短视频。

（4）第四个时间段为 21：00—23：00。这个时间段是大多数人睡觉前的时间，这个时间段观看短视频的用户数量最多。因此，这个时间段同样适合发布任何类型的短视频，尤其是情感类、美食类短视频的观看量更高，且评论数、转发量较高。

2. 选择发布时间的注意事项

在选择短视频的发布时间时，还需要注意以下 6 个方面。

（1）固定时间发布。短视频的发布时间可以形成固定规律，短视频创作者不仅可以固定时间段，还可以固定选择每周的哪几天发布。例如，固定在每周三、周五、周日晚上的 9：00 发布。采用这种发布方式能够培养用户的观看习惯，也能使短视频工作团队形成有序的工作模式，以免出现打乱仗、工作计划时长突变的问题。

（2）无固定时间发布。短视频的发布时间也可以无规律，短视频创作者按照短视频的具体内容确定发布时间。例如，某美食类短视频账号的本期短视频内容是美味早餐的搭配方式，则可以选择在早餐时间发布；下一期短视频内容是健康晚餐的做法，则可以选择在晚餐时间发布。

（3）错开高峰时间发布。前文介绍了 4 个发布短视频的"黄金时间段"，但在选择发布时间时也可以另辟蹊径，避开黄金时间。因为这些时间段虽然用户流量大，但发布的短视频数量也多，竞争压力较大。所以，尝试错开高峰时间发布短视频也是一个不错的选择。

（4）需要适当提前发布。短视频的发布通常需要由系统或人工进行审核，因此，发布短视频的时间要比计划发出的时间早半个小时或 1 个小时。例如，计划在晚上 20：00 正式发出短视频，则需提前至 19：30 左右发布。当短视频审核完毕时，正式的发出时间基本能符合计划发出的时间。

（5）针对目标用户群调整发布时间。不同的用户群观看短视频的时间段不同，在发布针对某一特定用户群的短视频时，需要考虑这类用户的观看习惯。例如，母婴类短视频的目标用户群是"宝妈"人群，这类人群通常需要在早、中、晚的进餐时间前后照顾孩子，在孩子入睡后才有空浏览短视频，那么短视频创作者在发布这类短视频时就需要充分考虑相关因素，调整发布时间。

（6）节假日的发布时间需顺延。大多数用户在节假日期间可能会晚睡、晚起，短视频创作者发布短视频时就需要适当顺延发布时间。以早餐类短视频为例，用户在工作日的早餐时间可能是早上 8：00 左右，而大部分用户在节假日时期的早餐时间可能会调整至上午 10：00 左右。那么，在节假日发布早餐类短视频时，则需要根据实际情况顺延发布时间。

9.1.2 ▶ 发布技巧

短视频发布看似是一个简单的操作，实则涉及许多细节问题。除需要选择合话的发布时间外，短视频创作者还要考虑其他多方面的因素，帮助短视频获得更多的流量和关注。

1. 根据热点话题发布

发布短视频时可以紧跟时事热点，因为热点内容通常具有天然的高流量，借助热点话题创作的短视频受到的关注度也相对较高。常见的热点话题主要有以下 3 类。

（1）常规类热点。常规类热点是指比较常见的热点话题，如大型节假日（春节、中秋节、端午节等）、大型赛事活动（篮球赛事、足球赛事等）、每年的高考和研究生考试等。这类常规热点的时间固定，短视频创作者可以提前策划和制作相关短视频，在热点到来之际及时发布短视频，这样的短视频通常能够获得较多关注。

（2）突发类热点。突发类热点是指不可预测的突发事件，这类热点会突然出现，如生活事件、行业事件、娱乐新闻等。发布这类短视频时要注意时效性，简单来说，遇到这类热点话题时，在制作和发布短视频时都要做到"快"。在该类热点话题出现后的第一时间迅速发布与之相关的内容，往往会获得非常大的浏览量。与常规类热点相比，突发类热点更能引发用户的好奇和关注。

（3）预判类热点。预判类热点是指短视频创作者预先判断某个事件可能会成为热点。例如，某电影将在一周后上映，许多用户对该电影十分期待，那么在电影上映之前，短视频创作者就可以发布与之相关的短视频。用户在期待电影之余，通常会选择通过观看该类短视频，提前交流对电影剧情或主角的看法。

2. 添加恰当的标签

标签是短视频内容中最具代表性、最有价值的信息，也是系统用以识别和分发短视频的依据。好的标签能让短视频在推荐算法的计算下，将短视频分发给目标用户，得到更多有效的曝光。高质量的标签一般具有以下 4 个特征。

（1）合适的标签个数。不同类型的短视频平台，要求添加不同个数的标签。

① 移动端短视频平台（抖音、快手等）以 1~3 个标签为宜。在以抖音、快手、微信视频号、小红书为代表的移动端短视频平台上，短视频创作者可以为短视频添加 1~3 个标签，且每个标签的字数不宜过多，在 5 个字以内为宜。因为移动端短视频平台会将标签与标题文案一同显示，标签字数过多会使版面看起来比较混乱。所以，在这类短视频平台上为短视频添加标签时需要提炼关键词，选择最能代表短视频内容的词语作为标签。

② 综合类短视频平台（小红书、哔哩哔哩、西瓜视频等）以 6~10 个标签为宜。在以哔哩哔哩、西瓜视频为代表的综合类短视频平台上，短视频创作者可以为短视频添加 6~10 个标签。因为综合类短视频平台不会将短视频标签与标题一同显示，标签数量的

多少不会影响短视频画面。所以，在这类短视频平台上为短视频添加标签时可以适当增加标签数量，选择与短视频内容相关的词语作为标签，如图 9-2 所示。

需要注意的是，虽然综合类短视频平台对标签的字数与数量没有过多限制，但在添加标签时也要选择符合短视频内容的标签，切忌添加过多与内容无关的标签，使系统无法识别推荐领域，或将短视频分发给不相关的用户。

（2）标签要准确化、细节化。

设置标签时要做到准确化、细节化。以服装穿搭类短视频为例，如果将标签设置为"女装"，则涵盖范围太广。更好的做法是将标签设置为"秋冬穿搭""时尚穿搭""温柔风穿搭"等限定性词，这类精确性更高的标签能使短视频在分发时深入垂直领域，找到真正的目标用户群体。

（3）将目标用户群体作为标签。设置标签时不仅可以根据短视频内容选择标签，还可以根据短视频的目标用户群体选择标签。例如，对运动、健身类短视频，短视频创作者可以添加"运动达人""球迷"等标签。

图 9-2　小红书短视频标签

（4）将热点话题作为标签。紧跟热点话题始终是短视频运营不可缺少的环节，在设置标签时可以适当将热点话题作为标签，以此增加短视频的曝光量。例如，春节期间的短视频多与"春节"这个热点相关，短视频创作者可以适当添加"春节""新年""团圆饭"等与热点相关的标签。需要注意的是，设置标签时可以适当结合热点，但不能为追求流量毫无底线，或者去结合一些负面的热点新闻。

另外，值得一提的是，在抖音平台发布短视频时，可以 @"抖音小助手"。"抖音小助手"是抖音官方的短视频账号，主要用以评选抖音的精品内容和发布官方信息。因为抖音采用机器人和人工审核的方式推荐内容，在人工审核之前，大部分短视频都会由"抖音小助手"（机器人）先进行归类。所以，@"抖音小助手"相当于毛遂自荐，提醒系统快速审查该条短视频，如果该条短视频质量佳、创意好，则会有更大的概率"上热门"。

同样的道理，在哔哩哔哩发布短视频时，设置标签时可以将官方活动名称作为标签，哔哩哔哩的官方活动有许多，如"萌新 UP 主夏令营""bilibili 新星计划"等。

3. 同城发布与定位发布

在抖音和快手等移动端短视频平台，发布短视频时可以选择"同城发布"和"定位发布"。这两种发布方法都能为短视频带来意想不到的流量。

（1）同城发布。同城发布是指将短视频发布到该短视频账号所在的城市，简单来说，是将该城市的短视频用户作为目标用户群体。虽然同城用户数量无法与全国用户数量相比，但短视频创作者能在某一区域打开市场也是一个明智的选择。尤其是有线下实体店的短视频创作者，采取同城发布短视频能够为实体店宣传和引流。

（2）定位发布。定位发布是指在发布短视频时定位某一地点（定位任意选择），使短视频被该地点周围的用户看到。定位发布的方法有两种：一种是根据短视频内容定位相关位置，如短视频内容为东北的农产品，则可以在发布短视频时定位"东北"，使定位地点的用户看到这条短视频；另一种是定位人流量大的商圈、景点等，因为该类地点的人数众多，短视频用户的数量也相对较多，发布短视频时定位在该类区域，能够提高短视频的浏览量。

总而言之，同城发布与定位发布都是在短视频发布地点上做文章。想要获得更多的短视频流量，可以灵活运用以上 3 种发布技巧，并加以创新，寻找更适合自身短视频的发布方式。

9.2　短视频的推广

9.2.1　利用官方平台推广

随着近几年短视频行业的飞速发展，越来越多的短视频在官方平台进行营销推广。下面介绍如何利用官方平台进行短视频营销推广。

1. 添加 @ 好友

"@"符号本来被用于邮件中，后被用于抖音短视频中，其主要作用是指定某一好友，用法为"@ 好友"。例如，在文案中添加"@×××"，好友 ××× 就会收到 @ 的提示，进而通过提示查看这条短视频。所以使用 @ 好友功能可以提高短视频的点击量和转发量，加强互动。短视频创作者可以与平台内其他账号进行合作，相互推广。合作的账号越多，综合开发利用的价值就越大，账号推广的效果也就越好。添加 @ 好友如图 9-3 所示。

以抖音为例，短视频创作者在抖音 App 的"发布"界面中进行设置时，点击"@ 好友"按钮，从关注的抖音账号中选择一个好友即可。

短视频创作者选择 @ 好友时，需要注意两点：一是相关性，即所选择的好友账号要与短视频内容有一定的关联；二是好友账号的热度，即所选择的好友账号应该粉丝比较多，以便利用优质内容吸引对方粉丝关注自己的账号。

2. 添加地理位置

用户在浏览短视频时，会发现短视频左下角的账号名称上方显示有地址信息。

短视频创作者在抖音 App 的"发布"界面中设置标题、添加话题标签、添加 @ 好友后，下一步就是设定"你在哪里"的位置信息，点击"你在哪里"就会打开"添加位置"界面，然后根据需要选择即可，如图 9-4 所示。

图 9-3 添加 @ 好友

图 9-4 添加地理位置

添加地理位置可以给短视频带来以下好处。

（1）添加了地理位置，短视频就有机会被推荐给附近的人，从而增加视频曝光的机会，带来新的粉丝。

（2）可以达到宣传效果。比如，有本地特点的方言、商品、建筑、旅游景点等都可以加上位置信息，以增加曝光度，提升知名度，达到宣传效果。

（3）添加地理位置之后，容易吸引更多本地的粉丝，有助于增加粉丝数量。

（4）如果开通了线下店铺，那么用户可以直接通过地理位置找到店铺。

3. 私信引流

私信引流是利用抖音的私信功能进行引流的。这种方法虽然效率比较低，但是精准度很高。短视频创作者首先要找到定位相似的抖音账号，并选出粉丝量较多者，找到相关视频后浏览评论区，在评论区中选出需求比较强烈的用户，给对方发私信。

短视频创作者也可以安装自动营销工具，这样就可以实现自动关注评论、私信的功能，从而节省很多时间和人力。短视频创作者借助自动营销工具，可以选择名字中有关键字的用户，然后对他们进行自动发送私信的设置，实现自动营销。

4. 参与挑战赛

要想更好地推广短视频，可直接在平台上发起挑战类活动。挑战类活动不仅充满趣味性，还具有强烈的代入感，可以在很大程度上满足用户的好奇心，激发其竞争意识。因此挑战类活动往往更能引发用户的关注，提升其参与感，带来可观的粉丝和流量。短

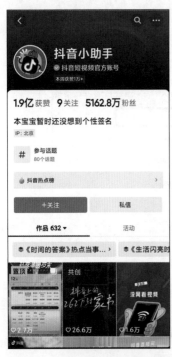

图 9-5 "抖音小助手"账号主页

视频创作者在发起挑战类活动时，要注意以下两点。

（1）活动要有一定的难度。只有具备一定难度的活动，才能激发用户的挑战欲望和竞争意识。判断用户挑战成功要有一个较高的标准，只有达到此标准才算挑战成功。

（2）活动要有一定的奖励。设置奖励是激发用户参与的有效手段之一，奖励既可以是物质奖励，如优惠券、精美礼品等，也可以是精神奖励，如授予用户某种荣誉称号等。在抖音平台中可以关注"抖音小助手"账号，它会定期推送火热的挑战赛，图 9-5 所示为"抖音小助手"账号主页。通常情况下，这些挑战赛有几千甚至几亿人观看和参与，因此，积极参与热度高的挑战赛，适当发布优质相应视频，创作者就有可能获得点击率，赢得曝光。

当然，短视频创作者不能每一个挑战赛都参与，要选择适合自己的挑战赛，在参与时细心观看挑战赛的内容；同时要写好参与挑战赛时的文案。通过分析数据、定位理论等方式找到适合的挑战赛，然后制作出优质的视频并上传，这样推广的精准度就会有所提高。

5. 多平台转发推广

除可以在平台内部进行账号推广外，短视频创作者还可以利用其他平台进行推广，如微信、微博、今日头条、QQ 等。

（1）微信。微信具有其他平台无可比拟的优势，如用户黏性高、覆盖面广、互动频率高、信息传播范围大。短视频创作者可以将短视频分享到微信朋友圈、微信群、微信公众号等，这有利于短视频的传播。

第一，在微信朋友圈发布短视频，可以让微信好友看到。如果发布的短视频有趣好玩，好友就会关注。

第二，在微信群中定期发布自己的短视频，以增加曝光率。当然，这和朋友圈推广有一个共同点，那就是选择发送的视频质量要高，发送频率要适当，并且注意发送时间。

第三，通过微信公众号推广短视频。如果打造的是具有相同主题的系列短视频，可以将这些短视频与微信公众号的文章进行联合推广，以便用户更好地了解短视频及其主题。

（2）微博。微博的用户基数很大，信息传播范围自然很广。利用微博来推广引流的具体方法如下。

第一，利用微博与粉丝互动，不定期在微博中发福利，表达对粉丝的重视和关爱。发布的内容受到粉丝喜欢，粉丝就会自觉转发，短视频创作者就会获得更多关注。只有用心经营粉丝群，持续与粉丝对话，才能达到推广和转化的效果。

第二，短视频创作者可以在微博发布短视频片段及创作花絮、心情，表达自己的想

168

法，让粉丝更近距离地了解自己。

第三，利用微博"@"功能推广引流。短视频创作者在微博上可以"@"名人媒体或企业的微博账号，如果他们回复了，就能借助其庞大的粉丝群体扩大自身影响力，以引起更多人的转发和关注。

第四，利用微博话题进行推广。短视频创作者可以发布与短视频内容相关的话题，添加"#"标签，同时在微博正文中阐述自己的看法和感想，从而借热点提高微博的阅读量和短视频的播放量。短视频创作者应根据自己要推广的商品来选择相应的话题，如果从事餐饮行业，那么可以关注"餐饮""美食"等话题，然后发帖引流。

（3）今日头条。短视频创作者可以在今日头条上发布一些与热点相关的短视频，这些短视频作品一般会被优先推荐。热点的时效性越强，推荐量就越高。短视频创作者在发布短视频之前要查看平台热点，找出与将要上传的短视频相关联的热点关键词，并根据热点关键词撰写短视频的标题，以提高短视频的推荐量。

（4）QQ。QQ是办公、日常生活交流必不可少的一款社交软件。它让人们的社交很方便。QQ也是非常好的短视频推广工具。利用QQ推广短视频时，可从以下几方面着手。

首先，可以巧妙设置QQ头像、昵称。根据自己的短视频性质把QQ昵称设置为视频账号名称，把QQ头像设置为短视频账号头像等；其次，QQ日志也可以用来推广短视频，这需要短视频创作者每天编辑文章、更新动态；再次，可以在QQ空间送好友礼物，通过赠送好友礼物，在礼物中设置留言，如在留言中加入短视频账号、短视频内容简介等进行推广；此外，也可以设置个性签名，QQ的个性签名也可以用来做推广，设置个性签名与QQ空间的说说同步并在个性签名中加入短视频；最后，可以经常评论别人的日志、说说，在对方空间留下相关信息。

推广平台还有很多，短视频创作者可以根据自己的喜好、习惯及其他标准进行选择，选择时要考虑每个平台的独特属性和用户群体，使所选择的推广平台与自己想要获取的关注群体高度吻合，以实现最大范围的推广。

9.2.2 付费推广

为更好地帮助短视频创作者推广自己的短视频作品，一些短视频平台相继推出付费推广服务，如抖音投放DOU+和快手投放作品推广。

1. 抖音投放DOU+

DOU+是为抖音短视频创作者提供的视频/直播间的加热工具，能够有效提升视频的播放量与互动量，提高内容的曝光度，满足抖音用户的多样化需求，具有操作便捷、互动性强、流量优质等多重优势。DOU+分为视频DOU+及直播DOU+，分别适用于短视频加热场景及直播间引流场景。

视频DOU+是一款为抖音短视频创作者提供的视频加热工具。它不仅能有效提升视频的播放量与互动量，还能增加视频的热度与人气，吸引更多用户进行互动与关注，实现提升视频互动量、增加粉丝关注等目标。除可以为自己的视频投放 DOU+ 外，还可以为他人的视频投放 DOU+，这一操作通过手机端即可完成。

直播 DOU+ 是一款为抖音主播提供的直播间加热工具。它能够增加播间的热度、曝光率，从而引来更多用户进入直播间，帮助商家解决直播间人数少、粉丝量少和冷启动难等问题。

投放 DOU+ 需要掌握一定的技巧，盲目投放可能导致事倍功半，达不到预期效果。投放 DOU+ 的技巧如下。

（1）确保短视频符合投放要求。只有通过抖音系统审核的短视频，才可以投放 DOU+。短视频创作者在投放 DOU+ 之前，要保证短视频的质量。

（2）选择合适的投放时间点。短视频创作者投放 DOU+ 要选择合适的投放时间点。短视频发布初期是投放 DOU+ 的黄金时期，这个时期短视频创作者投入较少的资金就能让短视频冲进更大的流量池内，获得更多的流量扶持。随着短视频发布的时间越来越长，为短视频投放 DOU+ 的效果会越来越不明显。如果是新号，一条视频首次投放价格为 100 元，选择上午 10 点左右投放，时长 12 小时，或下午 5 点左右投放，时长 6 小时。

（3）精准确定目标用户群体。DOU+ 为用户提供了"定向版""速推版"用户推荐模式。短视频创作者需根据自己投放 DOU+ 的目的，选择要投放的目标用户群体。

① 定向版。短视频创作者可以自己设置要投放的目标用户群体属性，包括目标用户群体的性别、年龄、地域、兴趣标签等。如果短视频作者有清晰的用户群体画像，就可以选择定向版，以提高 DOU+ 投放的精准度，让短视频出现在更多精准用户的主页，为短视频吸引精准流量。

② 速推版。系统根据短视频的内容，将其推送给经常浏览此类内容的用户。例如，如果投放 DOU+ 的短视频是搞笑剧情类的，那么系统就会将该短视频推送给经常浏览搞笑剧情类短视频的用户。

（4）进行小额多次投放。短视频创作者在投放 DOU+ 时需要遵循小额多次的投放原则，即每次投较少的资金，进行多次投放。假设短视频创作者有 2000 元的 DOU+ 投放预算，那么就可以选择每次投 200 元，共投放 10 次的策略，而不要一次性将 2000 元全部投完，这样有利于短视频创作者控制投放 DOU+ 的试错成本。

先拿出一个商品进行测试，拍几条高质量视频发抖音，不做任何包装，直接多投 100 元的 DOU+ 定向版，看能带来多少价值。其中，年龄、地域和兴趣根据需要进行选择。然后选择出有潜力的视频进行包装，包装好之后再投 DOU+，而这一次至少投入 500 元，同时维护评论和点赞。

（5）调整优化投放方案。在投放 DOU+ 期间，短视频创作者要随时查看短视频的数据表现，并据以及时调整和优化投放方案，以加强投放效果。

2. 快手投放作品推广

作品推广是快手官方推出的一款增加曝光量的付费营销工具。短视频创作者购买并使用该工具后，能够将短视频快速推荐给更多的用户，提高短视频的曝光量、播放量、点赞量、评论量，从而实现快速涨粉。

短视频创作者要想让作品推广获得较好的投放效果，可以运用以下技巧。

（1）保证作品质量。快手作品推广对作品有要求，一定要确保是优质原创作品、高清竖版视频优质封面、内容垂直且非违规。如果短视频创作者想购买作品推广服务，首先要保证自己的短视频作品符合相关要求，否则无法通过平台审核，也就无法投放作品推广。投放作品推广的短视频需要满足以下要求。

① 投放的作品须是 30 天之内发布的作品，公开且通过审核。

② 作品是自己的原创作品，没有其他平台的水印（快手旗下 App 的水印除外）。

③ 作品不存在违法违规、引人不适、不文明行为、非正向价值观等内容。

④ 作品不包含特殊业务内容，如快接单。

⑤ 作品中不存在营销、广告行为，或者二维码、联系方式、抽奖、红包口令等导流到第三方平台之类的信息。

⑥ 带有商品链接（小黄车）的作品仅可进行小店推广。

除此之外，投放作品推广的短视频还要确保内容优质，如封面清晰、标题富有吸引力、画面质量高、内容贴近账号风格等。

（2）投放账号质量高。短视频创作者要保证短视频账号的定位与账号发布的短视频内容相一致。如果早期发布的短视频质量较差，或者与账号定位不符，短视频创作者可以将其删除或隐藏，以免影响用户的观看体验。

如果短视频创作者运营的是一个新账号，可以在账号中预先发布一些作品，然后从中选择在没有购买作品推广的情况下自然流量较高的作品进行优先推广，以降低引流"涨粉"的成本。

（3）选择合适的投放时间。投放作品推广要选择好投放时间，比如在高峰时间发布优质的作品，这样短时间的播放量也会高于其他作品。短视频创作者在首次为自己的短视频投放作品推广时，可以选择较短的投放时长，后续及时查看投放效果。如果短视频的各项数据表现良好，就可以增加投放金额，延长投放时间。

（4）根据目的选择投放目标。短视频创作者要明确自己投放作品推广的目的，并选择合适的推广目标。如果短视频创作者想提高短视频的互动率，可以选择期望增加点赞、评论推广目标，以吸引更多的粉丝对短视频进行点赞、评论，增加粉丝黏性。

任务实训：　将抖音短视频推广到朋友圈

将制作好的短视频推广到朋友圈，具体操作步骤如下。

（1）在抖音短视频主界面中点击"我"按钮，打开个人账号界面，在"作品"选项卡中选中要发布的短视频，如图 9-6 所示。

（2）打开该短视频，在右下角点击"其他"按钮，展开转发和分享工具栏，如图 9-7 所示，在"分享到"工具栏中点击"朋友圈"按钮。

（3）抖音短视频会将该短视频自动下载到手机中，同时打开"朋友圈分享"对话框，点击"朋友圈"按钮，分享短视频，如图 9-8 所示。

（4）打开微信，进入"发现"界面，选择"朋友圈"选项，如图 9-9 所示。

图 9-6 选中要发布的短视频

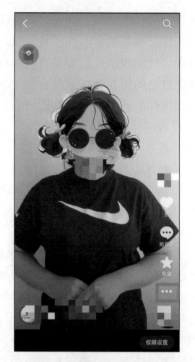

图 9-7 点击"其他"按钮

图 9-8 打开"朋友圈分享"对话框

图 9-9 "发现"界面

（5）打开自己的微信朋友圈界面，在右上角点击"拍摄"按钮，展开拍摄选项工具栏，在其中选择"从相册选择"选项，如图 9-10 所示。

图 9-10　点击"从相册选择"选项

（6）打开手机相册，选择短视频，在右下角点击"完成"按钮，如图 9-11 所示。

（7）打开发布朋友圈界面，在上面的文本框中输入文本内容，点击右上角的"发表"按钮，即可将该短视频发布到朋友圈中，如图 9-12 所示。

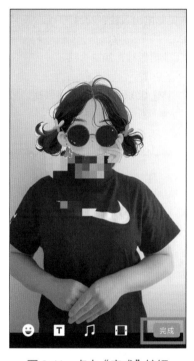

图 9-11　点击"完成"按钮

图 9-12　点击右上角的"发表"按钮

参 考 文 献

[1] 闫寒．跨境电商美工实务 [M]. 2 版．北京：中国人民大学出版社，2022.

[2] 倪莉莉．跨境电商视觉设计 [M]. 大连：大连理工大学出版社，2023.

[3] 张瀛．跨境电子商务视觉营销 [M]. 北京：电子工业出版社，2020.

[4] 易传识．跨境电商多平台运营：实战基础 [M]. 3 版．北京：电子工业出版社，2020.

[5] 蒋珍珍．从零开始做亚马逊跨境电商 [M]. 北京：清华大学出版社，2022.

[6] 余以胜，吕星海．跨境电商实务速卖通运营与实操 [M]. 北京：人民邮电出版社，2022.

[7] 赵爱香，余云晖．网店美工案例教程（全彩微课版）[M]. 北京：人民邮电出版社，2020.

[8] 杭俊，王晓亮．Photoshop 网店美工实例教程 [M]. 北京：人民邮电出版社，2023.

[9] 杨毅玲．网店美工 [M]. 2 版．北京：电子工业出版社，2023.

[10] 霍昊扬．跨境电商：平台运营实战指南 [M]. 北京：化学工业出版社，2023.

[11] 马静义．电商视觉营销与设计 [M]. 北京：人民邮电出版社，2022.

[12] 李彦广，龚雨齐．电商视觉营销设计修课（Photoshop 版）[M]. 北京：清华大学出版社，2020.